Osprey Aircraft of the Aces

# Bf110 Messerschmitt Zerstörer Aces of World War 2

## John Weal

[日本語版監修] 渡辺洋二

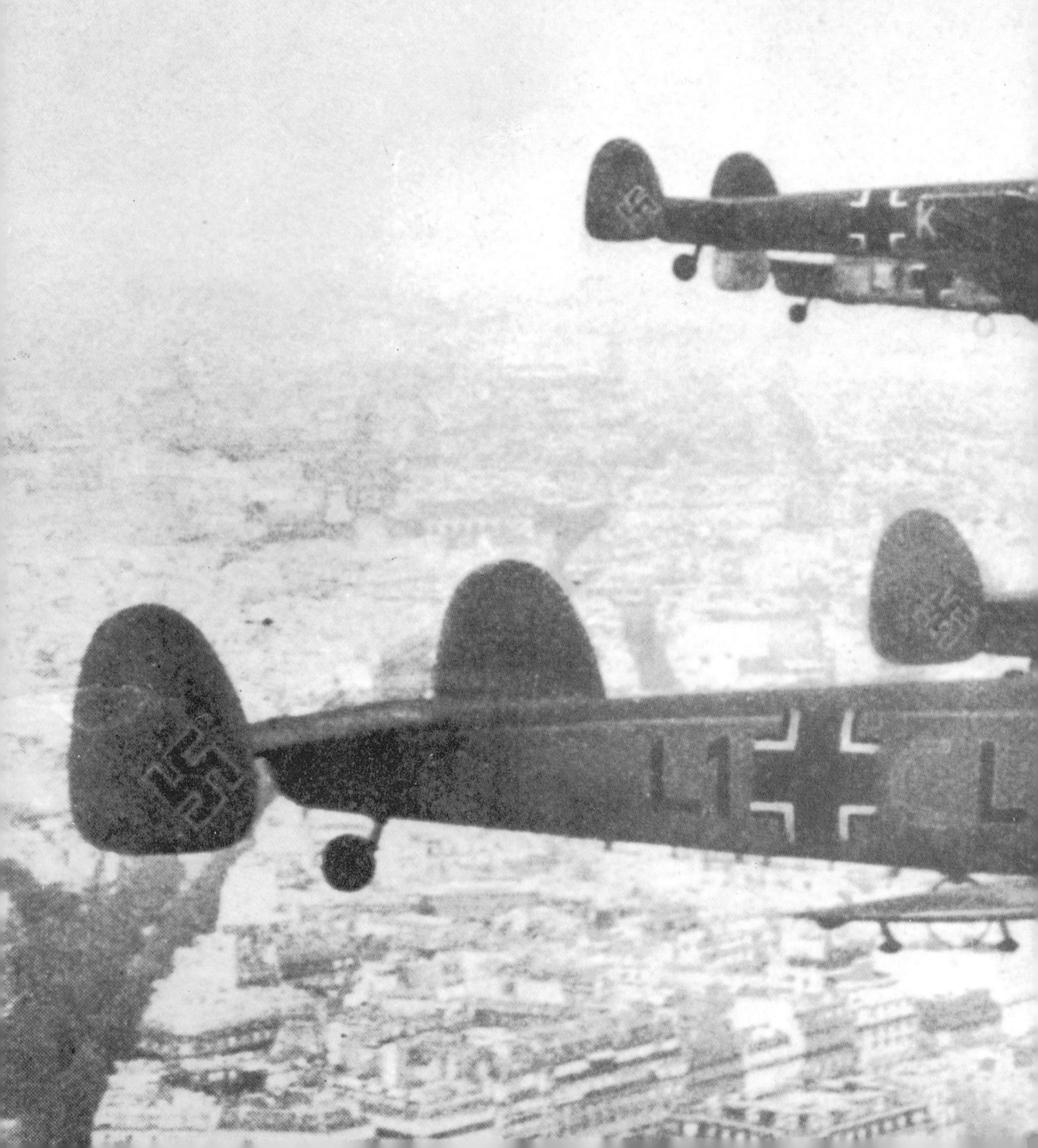

大日本絵画

Osprey Aircraft of the Aces
オスプレイ・ミリタリー・シリーズ
世界の戦闘機エース
14

# 第二次大戦の
# メッサーシュミットBf110エース

［著者］
ジョン・ウィール
［訳者］
小室克介

カバー・イラスト/イアン・ワイリー　　　フィギュア・イラスト/マイク・チャペル
カラー塗装図/ジョン・ウィール　　　　スケール・イラスト/マーク・スタイリング

#### カバー・イラスト解説
1940年8月15日。バトル・オブ・ブリテンが最高潮に達したこの日、夕刻の早くに、第76駆逐航空団(ZG76)第6中隊のハンス=ヨアヒム・ヤーブスは、エクセター基地から飛び立った2機のハリケーンの注意をなんとかかわして、彼の「ノルドポール・パウラ=北極のパウラ」のシャークマウスを描いた鼻面を、ハンプシャー州の海岸線からドーバー海峡の方角に向けようとしている。ワージィダウンとミドルウォロップを爆撃するJu88をエスコートするのが、この日の任務だったが、ZG76は少なくとも英空軍8個飛行隊の戦闘機の大群と遭遇することになった。このあと起こった戦闘でこうむった悲惨な損害に対するわずかな報酬は、2機のスピットファイアと1機のハリケーンのみであったとヤーブスは報告している。同様に、この日エーリヒ・グロート少佐の飛行隊は8機の駆逐機の損失と、総計14名の死亡・行方不明・負傷者を報告している。

#### 凡例
■ドイツ空軍(Luftwaffe)の航空組織については以下のような日本語呼称を与えた。
Luftflotte→航空艦隊
Fliegerkorps→航空軍団
Fliegerdivision→航空師団
Fliegerführer→方面空軍
Geschwader→航空団
Gruppe→飛行隊
Staffel→中隊
このうち、本書に登場する主な航空団に以下の日本語呼称を与え、必要に応じて略称を用いた。このほかの航空団、飛行隊についても適宜、日本語呼称を与え、必要に応じて略称を用いた。また、ドイツ空軍では飛行隊の番号などにローマ数字を用いており、本書もこれにならっている。
Zerstörergeschwader (ZGと略称)→駆逐航空団
Jagdgeschwader (JGと略称)→戦闘航空団
Lehrgeschwader (LGと略称)→教導航空団
Stukageschwader (StGと略称)→急降下爆撃航空団
Kampfgeschwader (KGと略称)→爆撃航空団
Schnellkampfgeschwader (SKGと略称)→高速爆撃航空団
■このほかの各国の軍事航空組織については、以下のような日本語訳を与えた。
英空軍(RAF=Royal Air Force)
Group→集団、Squadron→飛行隊
米陸軍航空隊(USAAF=United States Army Air Force)
Air Force→航空軍、Squadron→飛行隊
■訳者注、日本語版編集部注、監修者注は[　]内に記した。また、Bf110各型の分類については現在も諸説あるが、原書に従った。

翻訳にあたっては「Osprey Aircraft of the Aces 25　BF110 Messerschmitt Zerstörer Aces of World War 2」の1999年に刊行された版を底本としました。[編集部]

## 目次　contents

**6** 1章　**大戦初期の成功**
the early successes

**42** 2章　**初めての苦境**
first reversal

**63** 3章　**長く続く下り坂**
the steady decline

**106**　**付録**
appendices
**参考文献**

**52**　**カラー塗装図**
colour plates
102　カラー塗装図解説

**60**　**パイロットの軍装**
figure plates
105　パイロットの軍装解説

# chapter 1
# 大戦初期の成功
the early successes

　この10分間で、イギリス重爆撃機の姿が照準器のなかに一杯になったのは3度目だった。若い少尉は波頭の上すれすれを飛びながら、彼の双発のBf110を、やっとのことで飛んでいるウェリントンの尾部ギリギリの位置まで近づけていった。尾部銃手が生きている兆候は認められなかった。砲火を開く前に彼はさらに接近した。撃たれた爆撃機のタンクの破孔からはガソリンが流れ出て、両翼から炎を噴き出した。それとわからぬほどわずかに機首を下げたウェリントンは海面に墜落し、少尉自身がのちに形容したように「石のようにすぐ沈んでいった」。
　ドイツ領東フリース諸島の両端、ボルクムから25kmの地点の、この爆撃機の最期の安息所となった海面に拡がる油のまわりを旋回しながら、生存者を探す。それは無駄に終わった。
　ダークグリーンのBf110が本土に進路を向けた時には、薄い海霧が漂い始めていた。15分後、この戦闘機はイェーファー基地の格納庫の上を爆音をあげて飛び抜けながら、かってなかった戦果──1回の出撃でイギリスの爆撃機3機を撃墜──を示すバンクを、歓声を上げる地上員たちに送った。
　1939年12月18日、この日ドイツ空軍（ルフトヴァッフェ）の戦闘機は敵に大打撃を与えた。北海上空150kmを飛びぬける30分間の、一連の短いが強烈な戦闘（「ドイツ湾の戦い」と呼ばれることになる）によって、防衛側は少なくとも38機の来襲爆撃機を撃墜したと報告している。実際の英国空軍（ロイヤル・エア・フォース）（RAF）の損失は、これよりずっと少なかったとはいうものの、この結果は、ドイツ本土への護衛なしの昼間爆撃の愚かさを英爆撃航空軍団へ思い知らせるには充分であった。
　この12月18日の「戦闘」の真の意義は、単に人員・機材の損失の数的な問題ではなく、イギリス空軍の爆撃戦略に基本的な影響を与えたことであった。この時以降、良く知られているいくつかの例外を除けば、爆撃航空軍団の対独攻撃は暗闇を利用してのものに限られていくのである。
　ドイツ空軍の防空戦闘機はBf109とBf110の混成ではあったが、後者がきわめて卓越した、でなければ支配的な役割を果たしたのである。したがって、この機材が先のポーランド侵攻作戦によって明らかにされた最も成功した戦闘用機体である（また、ポーランド側の見方としても、もっとも敬意を払われたもののひとつであった）、という議論に加えていまや──国土防衛任務というまったく新しい分野でも──英空軍に巨大な戦略上の敗北を与えることに役立つとされるに至った。
　当初に、相当の議論を重ねた上で、──Zerstörer：ツェアシュテラー──駆逐機としてまとめ上げられたコンセプトの正しさは、完全に立証されたように見えた。早くも1937年には、ルフトヴァッフェは『ライヒテ』ヤークトグルッペン」と『シュヴェーレ』ヤークトグルッペン（すなわち「『軽』戦闘飛行隊」と「『重』

戦闘飛行隊」)を区別していたが、このような区別は当初あまり意味をもたなかった。両者ともに同じ機種を使用し、事実上同じ任務についていたからである。

この両者を最終的に分離する「『重』飛行隊」という呼称の再指定が布告されたのは、やっと1938年11月1日、第二次世界大戦のわずか10カ月前のことであった。この時点では、すべてのドイツ空軍の部隊呼称は数字3桁から成っていた。最初の数字はその部隊の編成された年次別の順番を表し、二番目は機能別、三番目は所属する指揮系統を示す。たとえば、JG132とは最初の部隊(1)、戦闘機で編成(3)、最後の数字(2)は第2航空群司令部(LwGrKdo2)に所属することを意味した。

しかしながら、真ん中の数字「3」は分類上「軽」戦闘機部隊を示すもので、「重」の方にはその新しい中央の数字呼称として「4」が割り当てられていた。この変更を受け、新しい戦闘機部隊のちょうど1/3が、7個の新「重」戦闘機部隊として創設された。

|  | 所在地 |
|---|---|
| **ドイツ空軍第1航空群司令部：** | |
| I.(s)/JG141：第141戦闘航空団第I(重)飛行隊　（旧132戦闘航空団第II飛行隊） | ユーターボーク=ダム |
| II.(s)/JG141：第141戦闘航空団第II(重)飛行隊　（旧132戦闘航空団第III飛行隊） | フュルシュテンヴァルデ |
| **ドイツ空軍第2航空群司令部：** | |
| I.(s)/JG142：第142戦闘航空団第I(重)飛行隊　（旧134戦闘航空団第I飛行隊） | ドルトムント |
| II.(s)/JG142：第142戦闘航空団第II(重)飛行隊　（旧134戦闘航空団第II飛行隊） | ヴェアル |
| III.(s)/JG142：第142戦闘航空団第III(重)飛行隊　（旧134戦闘航空団第IV飛行隊） | リップシュタット |
| **ドイツ空軍第3航空群司令部：** | |
| I.(s)/JG143：第143戦闘航空団第I(重)飛行隊　（旧234戦闘航空団第II飛行隊） | イルレスハイム |
| **ドイツ空軍第4航空群司令部：** | |
| I.(s)/JG144：第144戦闘航空団第I(重)飛行隊　（旧334戦闘航空団第III飛行隊） | ガープリンゲン |

この時期、もうひとつ、8番目の重戦闘機飛行隊が存在していた。1937年9月1日、ドイツ空軍の教導航空団（レーアゲシュヴァーダー）として活動を開始したものであった。第1教導航空団第I(重・戦闘)飛行隊(I.(s.J)/LG1)と名付けられたこの部隊は、空軍省(RLM:Reichsluftfahrtminisrerium)の作成した仕様書に対応して開発された重戦闘機の試験を担当し、その作戦能力を評価する任務をもっていた。

教導航空団の当初の目的は、「軽」戦闘機が地域別航空管区の指揮下にあって本土防衛任務を受け持つことで、これは「重」戦闘機集団が、戦略的長距離制空、爆撃機掩護、地上攻撃などの攻撃任務などの作戦要求に応えるべく位置付けられていたのに、対応するものであった。

1939年5月1日、新しいシンプルな部隊呼称システムの導入によって、ドイツ空軍は「軽」「重」などの戦闘機分類法を最終的に廃止することになった。この時以降、後者の「重」戦闘機は「駆逐機」（ツェアシュテラー）（文字通りでは海軍用語から借用した駆逐艦の意味）と呼ばれることになった。これは、のちの1942年春には、駆逐

Bf110を装備した最初の飛行隊は第1教導航空団の第I(駆逐)飛行隊で、バルト海沿岸のバルトに展開し、実戦試験を行っていた。実用を開始したあらゆる新型機と同様に、Bf110も、いくつかの細かい技術的問題をかかえていたことはこの写真を見ても明らかだ。第2中隊の機体コード「L1+A12」の、トラブルが多いDB601の左エンジンのカバーは、整備のために外されている。

開戦時、Bf110装備の駆逐機3個飛行隊のうち、2個飛行隊はJumoエンジン装備のB型を使用していた。写真は1939年9月8日、シュトゥーカ飛行隊(急降下爆撃隊)を掩護して、ワルシャワへの針路をとる、第1駆逐航空団第2中隊のベルタ(B型の愛称)。

乗機Bf110Cの前で胸を張っているのは、第76駆逐航空団第I飛行隊長、ギュンター・ライネッケ大尉で、初期の駆逐機乗りたちに愛用されていた軽量タイプのオーバーオールを着用している。また、エンジンの上部カウリング左隅に描かれたBf110のシルエットにも注目したい。飛行中のBf110の写真について、いままでの解説では、このシルエットについて、「僚機の影」といった記述で触れているが、明らかに誤りである。しかし、このシルエット(上記の「L1+A12」の機体にも見受けられるが)が何を意味するのかは、わかっていない。

機兵力が、完備した16個航空団、すなわち総数3000機におよぶと見越されていた大拡張計画の始まりであった。

しかしながら、この4カ月後の大戦の勃発によって、この野心的計画は、突然の一旦停止をさせられたのである。

## メッサーシュミットBf110駆逐機
Messerschmitt Bf110 Zerstörer

第二次世界大戦が始まった時点では、ドイツ空軍の駆逐機兵力は10個飛行隊に止まっていた。そして、本来の機材で装備されているのは、この10個飛行隊のうちわずか3つの部隊に過ぎなかった。

ドイツ空軍の将来の重戦闘機——駆逐機——として、競作に勝ちぬいて選ばれたのはヴィリ・メッサーシュミット博士が設計したBf110である。試作機が初飛行したのは1936年5月12日のことであった。この種の「なんでも屋」的機種を実現する可能性については、空軍省技術局のなかにも反対意見が多かった。しかし、敵空域深くまで「堂々と乗り込んで」いける重戦闘機というコンセプトは、ドイツ空軍の最高司令官ヘルマン・ゲーリング元帥の想像力をしっかりとつかまえてしまった。

この絶大な権威ある後押しによって、開発は推し進められたが、実際の量産は、適当なエンジンが無いために滞っていた。プロトタイプに搭載されていたDB600エンジンは数の供給が望めないことから、やむを得ず出力不足のユンカースJumoエンジンを使わざるを得ず、これでは実際の空戦にはまったく不十分であった。この状況は、1938年後半になってDB601エンジンの最終的な

実用許可が得られ、駆逐機量産計画が、その最優先ランクに見合うようになるまでは改善されなかった。

1939年1月、最初のBf110C型の一群が、当時バルトに展開していた第1教導航空団第Ⅰ(駆逐)飛行隊(I.(Z)/LG1)に配属され始め、当初使用されていたJumoエンジン搭載のB型と急速に置き換えられるようになった。この時以降、春から初夏にかけて、第1駆逐航空団の第Ⅰ飛行隊(I./ZG1)に加えて第76駆逐航空団の第Ⅰ飛行隊(I./ZG76)も同様に、より進歩したケーザー(C型の愛称)の供給を受けて、それまでに配備されていたBf110Bと置き換えていった。これは、同年9月に勃発した大戦までに、わずかに3個の駆逐機飛行隊しかBf110を装備していなかったことを意味している。Bf110の量産体制を大急ぎで手配したにもかかわらず(製造メーカーとして、フォッケウルフ社とゴータ社も加わった)、戦闘開始の時点では、残る7個駆逐機部隊はBf109を装備したままだった。

世界中のマスコミに対して、機会あるごとに——特にヒットラーの威勢のいい領土要求に基づいてお決まりの剣をガチャつかせる示威行動の場では——華々しく空中パレードするBf109の雄姿を見せつけていたのに反して、Bf110が一般の前にその姿を見せたのはきわめてわずかであった。実際、最初で最後のこの手の「軍事力誇示」は、1939年5月のチェコスロヴァキア占領時に、第1教導航空団の第1(駆逐)飛行隊が、ドレスデンからクロッチェへ展開した時であった。

そしてその3カ月後、Bf110がベルリンでの査閲式イベントに参加して上空を航過した。1939年8月末、東プロイセンのタンネンベルクにある有名な第一次世界大戦記念碑の上を、同じ第1教導航空団第1(駆逐)飛行隊が、5月と同じように上空航過を行った。記念行事の一部に見せかけていたが、本当のところは、この駆逐機を東プロイセンのイェーザウに移動させてポーランドへの強制侵攻の準備をするための、かくれみのだったのである。

## ポーランド
Poland

ヘルマン・ゲーリング本人の介入があったともいわれているが、ポーランド侵攻に際して、ドイツ空軍はそのもてる駆逐機戦力をすべて(実戦可動機90機)投入した。Bf110の全戦力は3個飛行隊に均等に分割して配備された。これらの3個飛行隊は、ドイツ／ポーランドの国境線に沿って一定間隔で配置されて、順番に交替で出撃し、前進する3方面の地上軍への直接支援を行った。

南西方面では、シレジアに基地を置いた第76駆逐航空団第Ⅰ飛行隊が唯一、第2航空師団の3個航空団のHe111とDo17爆撃機に対して、護衛戦闘任務を行った。この爆撃部隊の共通の任務は、クラクフへ進撃するドイツ地上軍と、南から首都ワルシャワを包囲するために東北へ進む地上軍のために、進路を制圧することであった。

ポメラニアに展開していた第1駆逐航空団第Ⅰ飛行隊は同様に、第1航空師団の水平爆撃機と急降下爆撃機(Ju87シュトゥーカ)を支援して、彼らが南東に旋回してワルシャワを北方から脅かすに先じて、ポーランド回廊を東進するのを助けた。

ポーランド回廊の向こう側、ドイツ帝国の飛び地の領土である東プロイセンでは、駆逐機部隊は第1教導航空団第Ⅰ飛行隊の戦闘機戦力として機能し、4

個爆撃飛行隊がポーランドに囲まれている東プロイセンから南へ突出する槍の穂先となっていた。そしてこれもまた最終的な目標は敵の首都であった。

### ポーランド侵攻作戦におけるBf110部隊

| | 基地 | 機種 | 保有機数/可動機数 |
|---|---|---|---|
| ■第1航空艦隊(北部方面軍)総司令部:ポメラニア州シュテッティン | | | |
| 第1航空師団(シェーンフェルト/クレッシンゼー) | | | |
| I./ZG1:第1駆逐航空団第I飛行隊　ヨアヒム・フート少佐 | マックフィッツ | Bf110B/C | 34/27 |
| 教導航空師団 | | | |
| I.(Z)/LG1:第1教導航空団第I(駆逐)飛行隊　ヴァルター・グラープマン少佐 | イェーザウ | Bf110C | 33/32 |
| ■第4航空艦隊(南部)総司令部;シレジア州ライヘンバッハ | | | |
| 第2航空師団(グロットカウ) | | | |
| I./ZG76:第76駆逐航空団第I飛行隊　ギュンター・ライネッケ大尉 | オーラウ | Bf110B/C | 35/31 |
| | | | 計102/90 |

　これら3個の駆逐飛行隊の任務は、それぞれの航空師団の爆撃機を掩護して、この作戦の早い段階のうちに、ポーランド空軍の基地と施設を地上軍に先行して攻撃することと定められていた。しかし、1939年9月1日の夜が明けてみると、北部ポーランドの大部分は、濃い霧に覆われていて、なかなか晴れなかった。わずかに、南方に飛んだライネッケ大尉の率いる第76駆逐航空団第I飛行隊が、予定された通りか、それに近い任務を行えただけであった。彼らに与えられた指令は0600〔午前6時、以下時刻の表記は同様〕に離陸し、第4爆撃航空団(KG4)第I、第Ⅲ飛行隊のHe111を掩護して、クラクフのポーランド空軍基地に向かうというものであった。
　この歴史的な、駆逐機と爆撃機双方にとって初めての作戦任務を遂行するにあたって、もっとも重要だったのは、約120km離れた別々の飛行場から出発したふたつの編隊がうまく会同できるための厳密なタイミングであった。しかし、第76駆逐航空団第2中隊長であったウォルフガング・ファルク中尉が戦後になって書き記しているところによると、彼と中隊のパイロットたちは、飛行隊の他のメンバーを出し抜いて、1時間早くこっそりと出撃してしまうことに決めていたのだ。
　もし、第76駆逐航空団第2中隊が、このたくらみで第二次大戦初の空中戦果をあげることを期待していたとすれば、彼らはすっかり落胆したことだろう。この栄誉は、隣り合わせていた急降下爆撃機部隊に持って行かれてしまったのだ(詳細は、「Osprey Combat Aircraft 1——Ju87 Stukageschwader 1937-41」を参照)。実際には、ファルクの同僚たちは何ら成果のない60分をすごしたのち、最後に当初の目標に到達するまで、まったく攻撃相手を見つけられなかった。ハインケルの爆撃飛行隊は廃墟となったクラクフへ、なんら反撃を受けずに滞りなく48トンの爆弾を投下し帰途についた。ほとんどのポーランド空軍機はその平穏無事な基地を引き払って、ドイツ軍の侵攻に先立つ数時間のうちに、前もって設営されていた衛星飛行場に散開してしまっていた。(詳細は本シリーズ第10巻「第二次大戦のポーランド人戦闘機エース」を参照)。
　帰途についたとき、ファルクの中隊は燃料が少なくなっているのに気づいた

乗機によじ登ろうとしているこの第26駆逐航空団の搭乗員ふたりは、夏用のオーバーオールを着用している。この写真で興味をひかれるのは、パイロットが尻の下に敷くクッション式のパラシュートを装着しているのに対して、後部座席の乗員が背負い式のパラシュートをつけている点である。

ここでもDB601エンジンの整備が必要とされている。第1駆逐航空団の整備員たちが滑車で吊り上げ作業をしているのを、ふたりの少年（右手前）が自転車を停めて熱心になりゆきを見守っている。この第1中隊の機体は後部胴体に2本の白いバンドを巻いている（右方向舵の下に見える）。これはポーランド侵攻作戦に参加したBf110とBf109に見られるものである。

が、この状況なら不思議なことではなかった。ドイツ軍の戦線に近づいた時、彼らは爆撃機から離れ、オーラウへ帰還する直行コースを取った。この時、ファルクは高翼の機体が単機で、ハインケルの飛行している高度4000mより遙か下方にいるのを発見した。

確認のために急降下した彼は、このHe46直協偵察機の警戒厳重な後部射手から警告射撃を見舞われた。この数分後、ファルクはもういちど、単機で飛んでいる機体を発見した。今度は低翼単葉、スパッツ付の固定脚機だった。彼が接近していくと、相手はバンクして逃げようとした。その瞬間、ファルクは主翼端近くに赤いものを見た。

開戦に先立って、ドイツ空軍の搭乗員たちは、ポーランド空軍機は機体の何箇所かにつけたよく目立つ赤と白のチェッカー模様の国籍マークを、見分けにくくしていると教えられていた。赤い部分だけを残して、視認性の高い白の上に別色を塗っているということであった。この機体が彼の前面でロールを打ち、旋回するのを見て、ポーランド製のPZL P.23カラシュ軽爆撃機と確信した彼は追撃した。ファルクに目を付けられたこの機体にとって幸いだったのは、彼の照準が不正確だったことだった。ギリギリまで接近した時、ファルクはJu87のまごうことなき逆ガルの主翼を目にした。主翼翼端の角ばったマークは、機体固有の識別レター……「赤のE」であった。ファルクがのちに報告したこの事件によって、この手のマーキングは黒く塗り直されることになった。ののちのことだが、ロシア戦線でも赤の中隊表示マーキングは、ソヴィエト機の赤い星との混乱を防ぐために使用をさけられた。

ファルクはシュトゥーカの主翼上面の赤い文字は見えたにもかかわらず、すぐ隣にあった、細い白線で縁どられた黒い鉄十字（バルケンクロイツ）に気づかなかった。彼の見まちがいは、真上から見た場合、ドイツ空軍の国籍標識がまったく不適当であるという証明であった。ポーランド上空を飛ぶドイツ空軍の翼が大きく引き伸ばされたバルケンクロイツ——時として翼弦いっぱいにまで大きく描かれた——に飾られるようになるまで、開戦最初の日々に、他の多くのパイロットが同じ誤りを犯した。さらに、Ju87と敵のPZL P.23とを取り違えたファルクの混乱

もまた、彼だけの特別な事件ではなかった。ある角度から見た時の、このふたつの機体の基本的な構成の類似は、同様の識別の誤りを続出させたのである。

作戦最初の日、一日かかってついにひとつの戦果もあげられなかった第76駆逐航空団第I飛行隊ではあったが、彼らのツキは24時間後にやって来た。9月1日に敵航空戦力の反撃がまったくなかったことから、第2航空軍の総司令官、ブルーノ・レルツァー少将は、ライネッケ大尉の指揮下の1個小隊に、翌朝、第4爆撃航空団全勢力でのデンブリン爆撃の掩護に出動するよう命じた。

ワルシャワ南方90kmに位置するデンブリンは交通の要衝であり、3つの飛行場に囲まれていた。高射砲の激しい反撃は受けたものの、88機のHe111は敵航空兵力の兆候はない、と報告していた。直掩任務から離れたBf110の4機編隊は翼をひるがえして急降下に入った。爆撃を免れていたポーランド機が何機も、ひとつの飛行場に散開しているのが目に入ったのだ。激しい対空砲火はあったが、Bf110の各機はその機関砲と機銃の砲口を開きながら何航過かを敢行した。すべては数分の出来事であった。4機の駆逐機が上昇し、帰途についた爆撃機編隊に合流したあとには、彼らの攻撃航過を物語る11機の炎上する残骸があった。

同じ日の午後、第76駆逐航空団第1、第2中隊はウッジ地区上空のフライエ・ヤークト（文字通り、自由な狩り、つまり索敵哨戒戦）を命じられた。ここで彼らは初めてポーランド空軍と遭遇し、半ダース程のPZL P.11C戦闘機に真正面からの攻撃を受けた。猛烈な空中戦となった。

ナーゲル中尉とレント少尉はそれぞれ1機のガル翼のポーランド機を撃破したと報告したが、第76駆逐航空団第1中隊はこの日の戦闘で、3機の損失をこうむったのである。ヘルムート・レントはデンブリンでの初期の地上攻撃に参加して、ポーランド侵攻作戦で最初の戦果を記録しその後エースとなる、第76駆逐航空団第I飛行隊のメンバーのひとりに名を連ねた。

あまり知られていないことだが、このメンバーのなかに、のちに大エースとなるオーストリア人のゴードン・マック・ゴロプがいた。マック・ゴロプの「マック(Mc)」はスコットランド人のファミリーネームではなく、小さい時両親によって名付けられた大変珍しいクリスチャンネームであった。両親はともにオーストリア人の芸術家で、親しいアメリカの友人であるゴードン・マレット・マックカウチの名をもらって息子の名前としたのだが、この届を受けつけたウィーン市役所の出生登録係がすっかり混乱してしまい、この幼児の名前を一字一字書いていく時に間違えてしまった、ということである。

ゴロプは、のちにドイツ空軍戦闘機パイロットとしては初の150機撃墜を果たし、1945年1月には、ヘルマン・ゲーリング国家元帥によって、不名誉にも更迭されたアードルフ・ガランドの後任として戦闘機総監に指名された（本シリーズ第3巻「第二次大戦のドイツジェット機エース」第4章を参照）。

ヘルムート・ヴォルタースドルフは、レントに似て、夜間戦闘機の「エクスペルテ」[Experte（独語）。本来の意味は「専門家」であるが、ここでは戦闘経験が豊富で、多数の敵機を撃墜した戦闘機パイロットのことを指し、連合軍におけるエースとほぼ同様の意味で使われた。複数形はExperten／エクスペルテン]としてその後数々の栄誉を手にするのだが、彼もまたそのスコアボードの最初のページを、対ポーランド空軍の、8日間での2機の勝利で開くことになる。もっとも、この飛行隊での最多スコアをあげたのは、ポーランド戦線で3機の確

実撃墜を記録したヴォルガング・ファルクであった。

彼の初戦果は9月5日に記録された。その3日前に第76駆逐航空団第I飛行隊が最初の被撃墜の損害を被ったウッジにおいて、それこそどこにでもいた感のあったPZL P.23を一撃で片づけたのであった。この時の彼は射撃前に相手の確認をしっかりと行った。

「私が、Ju87に似た機体がこちらに向かって来るのを見つけたのは、索敵哨戒で敵地深く入っていた時だった。接近するに従って、相手がPZL P.23であるとわかった。敵は私の下方を通過した。スロットルを急閉して、機を急旋回にもちこみ、その機体の尾部目がけて急降下した。主翼の上面と尾部に赤と白のチェッカー模様がはっきりと見えた。ポーランド人の後部銃手が撃ってきたが、弾は広く散らばって、曳光弾が操縦席のまわりを飛び去っていった。射手の顔が良く見えた。わずかに舵を修正して、発射ボタンを押した。機銃が咆哮した。小さな炎が噴き出すのが見えた。その機の上を飛び抜けた時、突然その機は火の玉となって爆発した……」

9月10日、ファルクはヘルマン・ゲーリングにブレスラウに呼び出され、彼の小隊が、この元帥の来るべき前線視察の際に、乗機のJu52のエスコート役に選ばれたことを知らされた。視察日程のブリーフィングを受けたあと、ファルクはゲーリングに招かれて、彼の視察旅行用の司令部専用豪華客車のコンパートメントでコーヒーを飲んだ。最高司令官は、ポーランド上空で駆逐機が受けた砲火の洗礼についての彼の最新の報告に対し、きわめて熱心に耳をかたむけた。ファルクは今日にいたるまでの経験を詳しく物語り、明らかに良い印象を与えた(彼が開戦日に作戦計画より1時間早く離陸してしまった件は適当にボカすか、都合よく省略されてしまったが)。この中隊長が辞去する準備を始めると、ゲーリングは副官に目くばせした。ファルクは紙袋を渡されて驚愕した。なかには鉄十字章が入っていたのである。

ポーランド侵攻作戦の実施から1週間が経過すると、この時点までに空中での敵の反撃は事実上なくなっていた。Bf110のパイロットの大部分は、地上軍との近接支援で飛行していた。それは彼らにとってあまり気乗りのしない任務であった。第76駆逐航空団第I飛行隊は31機の撃墜戦果を報告していたが、このうち19機が最終的に確認された。

一方、ライネッケ少佐の飛行隊は南部ポーランドが作戦区域であった。はたして彼らは北部の駆逐機部隊のような戦果をあげたのだろうか。2つの部隊のうち第1駆逐航空団第I飛行隊については、あまり成果をあげず、死傷者はもっとも多かった、という以上はほとんど知られていない。フート少佐の第1駆逐航空団第I飛行隊は、ドイツ空軍のなかでは最古の部隊である。その歴史は1935年4月1日に活動を開始した「ダム飛行隊」にまで遡る。その時以降、部隊名称は何回か変更されて、第132「リヒトフォーフェン」戦闘航空団第II飛行隊時代に、Bf109の配備を受けた最初の部隊となった。そして、重戦闘機部隊、のちの駆逐飛行隊となる最初の7個部隊のひとつに選ばれたのである。

この部隊が1939年春に最初のBf110を受領した時、第132戦闘航空団の伝統に従った祝賀の催しが行われた。彼らは110本の輸出用ビールを空にしたのだ。これは以前に使用機をAr68からBf109に転換した時に飲み干したのよりも1本多い数である。

1939年8月最後の週、Bf110C装備の2個中隊とBf110Bの1個中隊からなる第1駆逐航空団第I飛行隊はダムを出発して、ポメラニアのレーゲンヴァルデ

「よくやった。この搭乗員は鉄十字章を受けた!」。写真はゲーリング元帥が前線視察の途中で、彼の「小さい紙袋」を手わたしているところ。

開戦時の第1教導航空団第I（駆逐）飛行隊の部隊コードは、標準的な4文字タイプであった。このコードレター「L1+ZB」をつけた機体は飛行隊本部小隊（3機編隊＝ケッテ）の3番機である。この機体は通常は技術士官によって飛行し、「XB」は中隊長に、「YB」は補佐官[ドイツ空軍のAdjutantは日本軍の副官とは異なり、空戦に参加可能なパイロット]に割り当てられる。また飛行隊の「狼の頭」マークと、エンジンカウリング上のBf110のシルエットが見てとれる。

近郊、マックフィッツ飛行場に移転した。ここで、8月31日の最終ブリーフィングまでの数日間を、泳いだりバレーボールをしたりしてのんびりと過ごした。

大戦初日北部方面の作戦の障害となったのは視界不良だったが、第1駆逐航空団第I飛行隊は事故もなく延べ35機の出撃を行った。しかし、その24時間後、第3中隊長フライヘア・フォン・ミュレンハイム大尉がPZL P.11との戦闘で戦死した。この「戦の神」は、1941年5月27日、戦艦ビスマルクが沈没した時の生存者のなかで最先任の海軍士官、フライヘア・フォン・ミュレンハイムの兄弟であった。

第3中隊の指揮はただちにヴァルター・エーレ中尉に委ねられた。彼はポーランド侵攻作戦中に確認撃墜数6機をあげた2名のうちのひとりとなり、のちに夜間戦闘機乗りとして実績を積み上げていった。ポーランド回廊の制圧後、この中隊は東プロイセンに移動した。

ここで部隊は、ミューレンにあった狭い滑走路を利用して、引き続き行われたシュトゥーカによるワルシャワ攻撃を掩護するための前線飛行場とした。この任務を遂行中の9月6日、部隊は第1駆逐航空団第I飛行隊のふたり目の指揮官ハンメス少佐をPZL P.11戦闘機の犠牲として失った。後任はマルティン・ルッツ中尉であった。彼はコンドル軍団のパイロットとしてスペイン内戦に参戦、撃墜されたが、生き延びてその経験を語ることができた人間だった。もっとも、彼はその後もツキがなかった。1年後に第210実験飛行隊──特殊戦闘爆撃機部隊──の隊長を務めていた時、ルッツのBf110はイギリス空軍戦闘機によって、英国ドーセット州で撃墜されてしまった。

第1駆逐航空団第I飛行隊はどちらかというとパッとしなかったにもかかわらず、彼らの前進基地はゲーリングのポーランド最前線視察ツアー計画のなかに含まれることになった。国家元帥は基地視察中に、部隊全員の努力をたたえ、第2級鉄十字章をほとんど全員に授与して回った。

ポーランド戦線初期における空中での損失は、前線基地での第1駆逐航空団第I飛行隊にとって、単に補給を続けるだけでは成功を保証できないことを示していた。重要なのは、Bf110とその作戦能力を正確に把握することだった

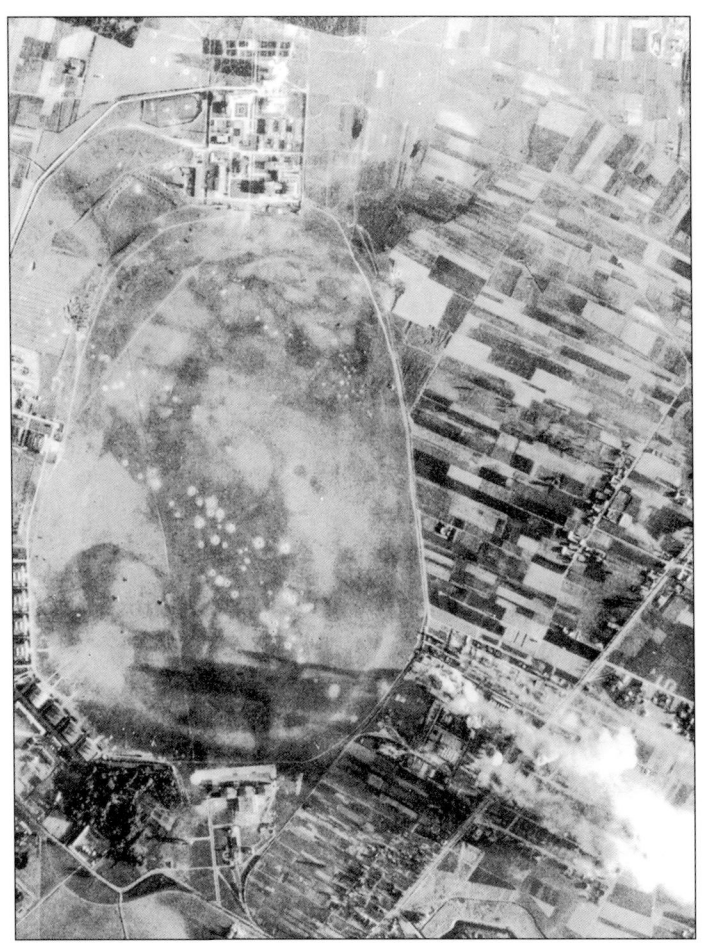

攻撃を受けるポーランドのワルシャワ=オケンチェを上空から見る。

のである。

　第1教導航空団第Ⅰ(駆逐)飛行隊は、過去8カ月間にわたってドイツ空軍の新しい双発戦闘機、すなわち「駆逐機」の適切な戦術運用法を作り上げる任務を課せられていた。そして彼らも第1駆逐航空団第Ⅰ飛行隊と同様な見解をもっていた。ヴァルター・グラープマン少佐(彼もまたスペイン市民戦争に参戦し、コンドル軍団の戦闘機部隊の隊長として、7機撃墜の戦果をあげていた)指揮の下に、第1教導航空団第Ⅰ(駆逐)飛行隊はポーランド戦でもっとも成功した駆逐機部隊となった。

　とはいえ、物事が全部順調にスタートした訳ではなかった。悪意に満ちた一面の霧のおかげで、東プロイセンに展開していた第1教導航空団第Ⅱ(爆撃)飛行隊(Ⅱ.(K)LG1)のHe111爆撃機は、9月1日の朝、やはり遅くまで離陸できなかった。目標はワルシャワ=オケンチェ飛行場であった。敵の心臓部に対するこの攻撃は、激しい反撃を受けるものと予想されていたので、第1教導航空団第Ⅰ(駆逐)飛行隊がこれらハインケル爆撃機の防衛戦力として起用された。

　この予想は的中し、ポーランド空軍追撃飛行隊の数個部隊がドイツ空軍を迎え撃ってきた。Bf110の必死の奮戦にもかかわらず、続く戦闘で6機の爆撃機が失われてしまった。グラープマン隊のパイロットは、時代物のPZL P.7の2

炎上するポーランド爆撃機部隊のPZL P.37「ウォッシュ」中型爆撃機。

機撃墜を報告できたに過ぎず、指揮官自身が反撃行動中に負傷してしまうという始末であった。

その日の午後、爆撃機部隊と第1教導航空団の駆逐機はワルシャワへ取って返した。グラープマンが出撃不能になってしまったので、第1教導航空団第I(駆逐)飛行隊は最先任の中隊長シュライフ大尉が率いた。爆撃進路に入ったところには、優に30機以上のPZL戦闘機が上昇して来たが、やっと高度をとった彼らの上では、すでにシュライフの編隊が待ち構えていた。Bf110の編隊は翼を返して猛然と急降下し、ポーランド機は一斉に散開した。続いて起こった乱戦のなかで1機のメッサーシュミットがダメージを受けたかに見えた。この機がフラフラと戦線を離脱しかけたのが、1機のポーランド機の注意をひきつけた。しかしこの「脱落者」はとんだ「おとり」であった。

この真うしろに専位しようとしたPZLのパイロットは、しかし自分自身が、80m後方にピタリとついたシュライフ大尉の照準器一杯に入っていることに気づかなかった。短い一斉射撃が浴びせられ、PZLは飛散した。当時の報告書によれば、この念入りに予行練習された策略は、この時だけでなくなんと5回も実行されたということである。

48時間後、第1教導航空団第I(駆逐)飛行隊のBf110は、ワルシャワを防衛する30機程度のPZLと激突、敵5機の戦果を報告した。味方の喪失は1機だった。

同飛行隊はポーランド侵攻作戦の終結までに、合計30機の確実撃墜戦果をあげた。この戦いでは駆逐機のエースはひとりも出なかったが(ドイツ空軍全体を通したポーランド戦でのエースは、確かに駆逐機部隊から輩出したが、そのパイロットの部隊は、いまだ戦闘飛行隊の名称のもとにBf109を使用していた(本シリーズ第11巻「メッサーシュミットBf109D/Eのエース 1939-1941」を参照)。だが、第1教導航空団第I(駆逐)飛行隊にも、エースの資格にきわめて近い戦果を収めた2名のパイロットがいた。メトフェッセル少尉とヴァルレルマン曹長はそれぞれ4機のポーランド空軍機撃墜の戦果をあげ、その後も増え続けていった。以下は、ヴェルナー・メトフェッセルが9月3日の朝、ポーランドの首都上空で、最初のPZLを屠った時のことを記した文章である。

「天候は次第に回復し、ワルシャワ西方6kmで眩しい陽が射してきた。市街は眼下にまるでミニチュアのように拡がっていた。通りや広場が見え、工場や教会が見えた。オケンチェ飛行場も大変良く見えた。

「そこからポーランド戦闘機群が我々目がけて上昇してくるのが見えた。最初は広い空のなかの小さなシミ、まるで顕微鏡でのぞいた標本のように見えたが、近づいてくるにつれて大きく焦点が合って来た。高翼のPZLで、折れ曲がった主翼と短いずんぐりした胴体でまるでミチバチの群れにそっくりであった。

「まさにその時、我らの爆撃機隊が到着した。我々のずっと下方を緊密な編隊を組み、まるで戦争などやっていないかのようだった。ところがポーランド

撃墜戦果を、飛行隊マークの「狼の頭」の下方に記入中。1機目は1.9.39の日付がある、その他は日付がない。第1教導航空団第I飛行隊のパイロットにポーランド侵攻作戦で5機撃墜戦果をあげた者はいないので、のちに戦果を認められなかったのか、または写真が、西部戦線でもっとあとの時期に撮られたのだろう。

機はそちらにはまったく構わずに、我々しか眼中にないかのように見えた。

「『ワルシャワ放送に合わせろ』と私は無線手に言った。コックピット内はすぐタンゴの調べで一杯になった。我々の中隊が新年を祝うためにガルミッシュへ飛んでダンスをした時と同じメロディだった。しかし音楽は何かの金切り声にかき消され、そして静かになった。前屈みになって下を見ると、市内の電波塔の周りで爆弾が炸裂するのが見えた。

「ポーランド機は下方600mにいた。私は機銃の安全装置を外し、隊長機に目を据え、ダイブに入る時に太陽を背負うようわずかに東へ旋回した。隊長機が翼を振った。合図だ。我々は突っ込んだ。

「ほとんど同時にポーランド機は急なロールを打ち、地面に向かって急降下していった。我々の整然とした攻撃はただちに個別目標の攻撃へと移行した。その光景は幻想的ですらあった。曳光弾の煙が白い糸となって市街の上空に巨大なクモの網のような十文字を描いていた。その網のなかを黒い影が舞い、急降下したりさらなる網を描いたりしていた。下方では、傷ついた街から対空砲火の小さな炸裂や砲煙が立ち昇っていた。

「目標を定めようとしたが、この乱戦のなかでは簡単なことではなかった。しかし、他の中隊の1機の後尾に喰いつこうとしているポーランド機を見つけた。僚機に翼を振って警告を与えると、我々は、そいつに向かって全速力で急降下した。距離50mで砲火を開き、全力で追尾した。敵機は左へ横滑りして脱出を図ったが、私は喰らいついて離れなかった。私の射弾が尾部に命中するのが良く見えた。敵機はすぐに死んだ魚のように裏返しとなり、急激な錐揉み降下に入って、ついには大地に向かって垂直に落ちていった」

　敵空軍の反撃がほとんどなくなってくると、第1教導航空団第I（駆逐）飛行隊のパイロットたちは別の作戦に振り向けられた。メトフェッセル少尉はある日、ビアリストック／ワルシャワ間を走る列車の攻撃を命じられ、2本の貨物列車に銃撃を加えたのちのことを振り返る。

「私は低空飛行を続けた。しかしいくら見ても線路は空っぽだった。他の列車はとても現れそうにもなかった。

「前方に1機を見つけた。私がやっていたのと同じように、線路沿いに高度100mで飛んでいた。Ju87だった。主翼の形と固定脚、尾翼の形でそれとわかったのだ。『そうか』、私は考えた。『こいつが他の列車を追い払ってしまったんだな。しかし、今度はオレの番だ、こっちの方が速いからな』。

「私は彼の5m下方を通り過ぎかけた。チラと上を見上げると……、心臓が止まりそうになった。大きな星型のエンジン、おまけに駄目押しで両翼下面の赤白チェッカー模様が見えた。ポーランド機だ、PZL P.23爆撃機だった。

「普通だったら、敵は何の問題もなく、どんな対応でもできただろう。いまや私は、自分を皿の上に載せて差し出しているのも同然、まさに絶望的だった。スロットルを戻す時間はまったくなかった。私は敵の鼻先に姿を見せ、その機銃のお供え物になっていた。

「やれることはひとつしかなかった。機銃弾をいつ喰らうかをギリギリと肌で感じながら、私は右へゆっくり旋回し、まるで鷹に追われた鴉のように、どこか地上に逃げ場はないかと探した。そのあいだずっと、あいつは撃ってくる……ほら、いまだ……と覚悟していた。

「しかし敵は撃たなかった。カラマツの林をかすめながら、私は深呼吸をした。ポーランド機は、右にも左にも針路を変えず、線路沿いにまるでレールに乗っ

ているかのように、まっすぐ飛び続けていた。
「突然、私の無線手が後部機銃を撃ち始めた。『ばかやろう』私は叫んだ。我々はまだ危機を脱していないのだ。だが依然として何もおきなかった。ポーランド機は完璧な直線飛行を続けていた。まるでこれは幽霊飛行機だ、人間が飛ばしているとは思えない。
「我に返って、スロットルを操作し、旋回してこの機のうしろについた。今度はこっちが狩り手で、向こうが狩られる方だ。50mまで接近して射撃した。短い2連射、各砲から5発ずつ、その機体は私の目の前で火の玉になった。熱いオイルの細かいしぶきが風防全面を覆った。機体が大地に激突し、線路の土手の上にバラバラになっているのが見えた」

9月の3週間が過ぎると、ポーランド軍は総崩れとなった。残存部隊はワルシャワへと雪崩を打って引いて行った。ドイツ空軍はこの逃走する群れに手をゆるめることなく攻撃することを命じられた。明け方から日没まで、数百機をもって、街道に、田舎道に、森の小径まで一杯になってヴィスワ川を目指している縦列に攻撃を加えた。

第1教導航空団第I(駆逐)飛行隊は、この後味の悪い任務から逃れられなかった。東プロイセンから呼び寄せられて、ブスラ川とヴィスワ川の合流点から西へ、ガビンという小さな町にいたる35kmの帯状の地帯を受け持たされた。出撃時間は10分だけ、行きに5分、帰りに5分、その間にすべての弾薬を撃ち尽くすこと。

任務を終えて、彼らは基地へ向かった。最後に着陸したのはグラープマン少佐とその本部小隊だった。指揮官がコックピットから這い降りて、自機の左翼の上に立つと、3人の中隊長が報告に歩み寄って来た。

「諸君、ありがとう。この任務は我々の誰にとっても気楽なものではなかった。個人的には、正々堂々とした空中戦をやりたいものだ。」

## 「まやかしの戦争」
### The 'Phoney War'

ポーランド侵攻作戦の終結後、それに続く8カ月間は、西部戦線における事実上の休戦状態、つまり一方にドイツ軍、他方にイギリス・フランス連合軍が対峙し、それぞれの防衛戦の後方で相手が動き出すのを待っている、という状態が続いていた。局地的な哨戒行動のようなものはあったが、この時期は「まやかしの戦争」と呼ばれることになる。

しかし、ジークフリート線とマジノ線、すなわちドイツのいう「西部要塞線(ヴェストヴァル)」無人地帯の上空では話が違った。

天候がゆるせば、両陣営はそれぞれ、おたがいの防衛力に探りを入れるべく偵察機を飛ばし、かつ、自陣を保全するために戦闘機によるパトロールを行った。

ドイツ空軍は西部戦線の防空を全面的にBf109装備の戦闘機部隊へ委ねていた。この事実と、爆撃航空団による大規模な攻撃作戦の行われないことが、駆逐機による長距離パトロールと護衛飛行は、西部戦線での一時的なつけたしの任務にすぎないことを意味していた。

しかし、この数カ月が無駄に過ごされていたのではなかった。この時期はドイツ空軍が、その勢力をライン河沿いに強化するために、補強され急速に展開していった期間だったのである。

開戦時に、暫定名称第152戦闘中隊としてBf109Dを飛ばしていたレスマン大尉の第52駆逐航空団第Ⅰ飛行隊は、1940年早々にBf110を受領した。写真はこの双発戦機が見事な4機編隊でオーストリア・アルプス上空を飛ぶ姿を見せつけている。

　ポーランド侵攻作戦に従事した駆逐機の3個飛行隊は、作戦終了後ただちに西部戦線に移動した。新しい駆逐機部隊の就役はなかったが、最終的には、いまだにBf109を使用していた7個飛行隊が、長いあいだ待ちわびていた双発のBf110を受領する機会を得た。

　グラープマン少佐の第1教導航空団第Ⅰ(駆逐)飛行隊は10月にポーランドを離れて、中部ドイツのヴュルツブルクに基地を構えた。同じころ、彼らの母体であった教導航空団は組織改編を受け、第1教導航空団第Ⅴ(駆逐)飛行隊(Ⅴ.(Z)/LG1)と名称が変わった。ポーランドでもっとも戦果をあげた駆逐機部隊は、いまや西部戦線で最初の実戦部隊となった。

　1939年末まで、Bf110によるフランス空域への侵入はほんの数回しか行われなかったが、その数すくないうち2回は、フランス空軍戦闘機との交戦になった。

　11月21日、ランス地区へのドルニエ偵察機を護衛中に、一駆逐機中隊と防空戦闘機のカーチス・ホークH-75A、モラヌ＝ソルニエMS.406それぞれ数機とのあいだでちょっとした小競り合いがあった。その48時間後、前任者のシュライフ大尉が9月7日にデンブリン近郊で対空砲火に撃墜されたのち、最先任中隊長として当時の第1教導航空団第3(駆逐)飛行隊(3.(Z)/LG1)、組織改編後の名称は第1教導航空団第15(駆逐)飛行隊(15.(Z)/LG1)を率いていたヴェルナー・メトフェッセル少尉は、ヴェルダン上空でMS.406 1機撃墜の戦果を報告している。もっとも、後者の報告の真相については少々疑問がつきまとう。11月23日のフランス空軍の喪失は、Do17に撃墜されたカーチス・ホーク1機が記録されているのみである。これは空中における両陣営ともに犯した戦果誤認のひとつの例であろうし、だとすると、西部戦線でのBf110の初撃墜とされるメトフェッセルのこの戦果は認められず、さらに最終戦果5機からこの1機を

除くと、彼をドイツ空軍最初の駆逐機エースとするわけにもいかなくなる。

　駆逐機戦力のほとんどが——Bf110に機種転換されていたが——フランス／ドイツ国境地帯で大した働きをしていなかったけれども、ここはまた、双発戦闘機の存在を決定的に認めさせた地域でもあった。

　1939年9月3日午前11時、ネヴィル・チェンバレン首相が対独宣戦布告を行った時をもって、英国空軍爆撃機部隊は、第三帝国の北部海岸地帯で挑戦的な行動を始めた。

　イギリス偵察機のカン高い爆音と爆撃、そしてこれに対するドイツ海軍の艦船——ドックに入っていようと海上にあろうと、この初期の侵入攻撃のターゲットになっていた——の対空反撃の様相は、結果としてこの地域の対空防衛力を強化することにつながった。

　よせ集めの戦闘機部隊から編成された航空団がこの地域に投入された。このかき集められた部隊は幾度かにおよぶ公式名称の変更ののち、司令の名をとって、「シュマッハー」戦闘航空団の名で一般に知られることになる。「シュマッハー」の当初の戦力は、すべてBf109の初期型から成り、英空軍の爆撃機編隊に大きな損害を与えられることを、すでに証明してはいた。しかし、本当に必要だったのは、海上まで出向いて敵爆撃隊を迎撃できるくらい航続距離が長く、爆撃進路をとっているあいだずっとつきまとって、必要とあらば、さらに海上遠くまで追撃できるような機種であった。そして、ドイツ空軍はBf110という、うってつけの機体をもっていたのだ。

　Bf109装備の7個飛行中隊のうち必然的に双発のBf110へと機種転換した最初の部隊は、「シュマッハー」戦闘航空団の下に活動を開始したカシュカ大尉の第26駆逐航空団第I飛行隊（I./ZG26）で、ヴィルヘルムスハーフェン南方のファレルに基地を置いていた。1939年12月3日、機種改変の最中であった同飛行隊は、敵爆撃機の編隊がヘリゴラント諸島に接近しつつあるという沿岸レーダーの情報を受けた。中隊はBf109DとBf110Cの混成でスクランブル発進をした。しかし後者は迎撃に失敗した。

　3日後、第26駆逐航空団第I飛行隊はBf110による最初の戦果を記録したが、同時に最初の損失1機も出した。第2中隊の1機が沿岸航空軍団のアブロ・アンソンと、オランダ領テクセル島で空中衝突するという不幸に見舞われたのだ。実戦に参加しながら、まったくの新機種に（エンジン1基が増え、後席搭乗員1名付きで）転換する愚かさに誰かが気づいたのだろう、12月7日、第26駆逐航空団第1、第3中隊は、機種転換を行うために比較的平穏な内陸へ基地を移動した。この時、Bf110装備の第2中隊だけは、より実戦経験を積んだ駆逐機部隊が到着するまでの「つなぎ」として沿岸に残留した。

　あとからやって来たのは、ポーランド戦線でのベテラン部隊、ライネッケ大尉の第76駆逐航空団第I飛行隊で、彼の部隊は12月16日から17日にかけてイェーファーへの移動を行った。これより早い日に到着することはできなかったのだ。

　12月18日は夜明けから快晴であった。空は真っ青なドームとなっていて、完璧な冬日、さえぎるもののない視界、まさに戦闘機日和だった。そして、この日、英爆撃航空軍団は、24機のウェリントンにドイツ北部海岸地帯を襲撃する指令を発した。

　誤った楽観的な観測に支えられて（それまでのBf109E 1個飛行隊による攻撃は無視され、損失は海軍の高射砲によるものとされていた）、増加しつつあ

る損失にもかかわらず、爆撃機の密集編隊は「常に敵を突破できる」と信じていた英空軍の攻撃立案者は、この日のターゲットをヴィルヘルムスハーフェンに決定した。この日の結末は歴史上「ドイツ湾の戦い」として語りつがれることになる。

　この日の朝を、第76駆逐航空団第I飛行隊（I./ZG76）のパイロットたちは4機編隊か2機編隊での作戦区域内のパトロールに費やした。午後早くに、英爆撃機の接近を報じる不明確な情報が入ると、彼らはふたたび離陸した。

　沿岸に配備されたレーダーサイトと飛行場を結ぶ通信網のトラブルを、部隊指揮官たちがつねづね信用していなかったこともあって、ドイツ側の対応は遅れた。22機のウェリントン（2機は出撃せず）は、整然と編隊を組んで、ヴィルヘルムスハーフェン上空を、海軍の対空射撃以外は何の邪魔も受けずに通り過ぎた。しかしこの状況が基地に帰着するまで続いたわけではなかった。

　二手に分かれた編隊は海岸線に平行して西に向かい、それぞれ約15kmと40km海上へ出て飛行していた。シュマッハーの戦闘機群が英爆撃機の編隊を捕捉したのは、やっとこの時——最初のレーダー警戒情報から1時間も経ってから——であった。最初に攻撃を加えていたのはBf109の5～6機であったが、今度は第76駆逐航空団第I飛行隊の駆逐機の出番である。最初の接敵に成功すると、その長い航続性能を生かして、何とか西へ脱出しようとする英爆撃機につきまとって、ドイツ・オランダにまたがるフリース諸島に沿って攻撃を続け、結果として「うまい汁を吸う」ことになった。

　Bf110の何機かは、この時すでに上空に上がっていた。第76駆逐航空団第2中隊長ヴォルフガング・ファルクと彼の僚機ハインツ・フレジア軍曹は、英爆撃機集団がヘリゴラントを通過中であるという情報を知った時、ドイツ領フリース諸島の西端部をパトロール中であった。彼らはただちに取って返すと、機首を北東に向け徐々に高度を取った。右方向遙かなたには、ヴィルヘルムスハーフェン上空の高射砲の煙がはっきりと見えた。数秒後には、Bf109の最後の正面攻撃を受けつつある12機かそれ以上のウェリントンの小さな機影が見えて来た。

　2機のBf110はただちに攻撃距離に入って、この混戦に飛び込んだ。ファルクは編隊後部の右手の機体に狙いを定めた。機関砲と機銃の一斉射撃を浴びて、ウェリントンはエンジン1発が停止し、空中で爆発、彼の2機目の戦果として報告されることになった。

　ハインツ・フレジアも2機のウェリントンを火だるまにして海中へ撃墜したが、その直後、隊長機は英爆撃機の砲火を浴びてしまった。エンジン1発が停止、残るエンジンも咳きこみ始め、主翼からは燃料が噴き出していた。ファルクはよろめく機体を南に向け、ウァンゲローゲ島の不時着場を目指した。彼はのちに「グライダー乗りになりたいなどとは二度と思わなくなるほどの経験だった」と、苦々しげに記している。

　第76駆逐航空団第I飛行隊の他のパイロットたちは地上にいた。ヘルムート・レント少尉は2時間のパトロールから帰還したばかりだった。

「予定時刻ちょうどの1230時に隊長機が地上滑走を始め、我々のシュヴァルム2組は完璧なフォーメーションを組んで離陸した。4000mまで上昇した。海岸線に到達すると、海は素晴らしい光景だった。雲はほとんどなく、目の届く限り、冬のさなかの穏やかな日の景色が拡がっていた。

「2時間経って、基地へ戻ることになった。何も起きなかったので少々がっか

第76駆逐航空団第2中隊長ヴォルフガング・ファルク大尉。「ドイツ湾の戦い」の冬景色のなかでの撮影。膨張式の救命胴衣は、この小隊が1939～40年にかけて長距離洋上パトロールに従事していたことを物語っている。

12月8日の戦いを当時のドイツの新聞がどのように報じたかの一例。レント少尉が愛機の垂直尾翼の前で微笑んでいる。撃墜3機（この日「ドイツ湾」上空での戦果）のうちの1機は結局、認定されなかった。

りしていた。基地要員がただちに燃料補給を始めた。コックピットから飛び降りて、我々のロッテの帰着を隊長に報告しようとしていると、整備主任が吹っ飛んできて叫んだ。

「『英国機50機、ヘリゴラント西方に発見！』」、戦闘機隊と我々駆逐機隊の何機かがすでに交戦中だという。大急ぎで隊長に報告を済ませた。

「報告しながらも遙か東の空に高射砲の煙が見え、遠い砲声が聞こえてきた。そして、御立派な英国紳士（ジェントルマン）どもの姿が見えてきた。10個ほどの小さな点が海の方までこれを追撃していて、対空砲火の綿毛のような煙も見えた。『出られるものは誰でも飛び上がれ！』隊長がどなる。私の機の給油が最初に終わった。大急ぎでまたコックピットに飛び込む、無線手はすでに乗り込んでいた。スイッチ・オン、フルスロットルで離陸すると、私の親友『ドーラ』［D型の愛称］は鳥のように上昇し、数分で『トミー』［英軍兵士のこと］どもと同高度に達し、追撃に入った。

「まるで、指示されたみたいに、2機のイギリス機が照準器のなかに滑り込んで来た。その2機は編隊から少し離れてしまっていた。最初にやることは、こいつらの尾部銃座を沈黙させることだった。よく狙った。短い何回かの射撃でこれは達成した。これで撃墜の段取りに入れる。ギリギリまで接近した。高度はわずか2000mほど。すでにずいぶん下がってしまっている。2機のうちの1機にまた短い連射を送りこむ。濃い煙を噴き始めた。イギリスのパイロットは、やれる唯一のこと、ドイツ領の島のひとつへ不時着しようとしたが、機はすでに火焔に包まれていた。

「1機は片づけた。2機目の『トミー』にかかる。この機は波頭の上4〜5mを超低空で脱出しようとしていた。私は最高速度で追った。後部銃手が生存している兆候はなかった。もう一度全砲火を浴びせる前に、右側いっぱいに接近した。舌のような明るい炎が主翼から噴きだしていた。敵機はわずかに機首を下げて、海に沈んで行った。海面では墜落したことを示す燃える燃料と油の輪から、濃い煙の柱が空へ向かって立ち昇っていった。

「無線手と私は、新たな敵を水平線上に探し求めた。いた！　かなり遠方で、海面のすぐ上に何機かの『トミー』が、すでに我々の仲間から攻撃を受けているのを発見した。『ありったけのスピード』で追いかけることにした。すぐに、そ

下2葉●こちらも新聞紙上から、英空軍の生存者2名──左の写真はA・ウィンバリー中尉。レントの最初の犠牲となってボルクム島へ不時着した第37飛行隊のウェリントンIAのパイロットで、頭部に負傷して包帯をしている。右の写真、ふたりに護送されているのは、ウィンバリー中尉よりは元気なJ・ルース軍曹。彼も同じ第37飛行隊のガタガタになったウェリントンを何とかもちこたえて、シュピーケローグ島の泥だらけの浅瀬に不時着させた。

の時たまたま攻撃されていなかった1機の後尾につくことができた。私がピッタリと接近したにもかかわらず、またも尾部銃座からの反撃はなかった。ためしに、すべての砲から短い射撃を送り込んだ。今度は主翼のタンクに火焔が発生した。パイロットは明らかに海上に不時着しようとしたが、爆撃機は機首から海に突っ込み、すぐ石のように沈んでいった」

本章の冒頭でふれた若き少尉とはこのレントのことである。彼は3機撃墜を確信してイェーファー基地に帰還した。しかし直後に行われた調査の結果、戦闘航空団に報告された戦果38機のうち、3分の1は認められなかった。このなかには第76駆逐航空団の計16機撃墜の報告のうちの3機──ファルクの2機目、レントの戦果のうち1機、そしてのちのエース、ゴードン・ゴロプの1機が含まれていた。

英爆撃機軍団の実際の喪失は、ウェリントン11機が30分間の飛行の間に撃墜され、さらに6機が重大な損傷を受けて、このあと墜落するか、不時着で破壊された。ポーランド軍への攻撃戦力としての成功と、この新たな、敵爆撃機への防空戦力として発揮した素晴らしい能力は、ヘルマン・ゲーリング元帥の耳に、さぞ快い音楽として響いたことであろう。

以下は交戦後、12月18日付の飛行隊長ライネッケ大尉のメモである。
「Bf110は、この英国機（たとえば、ヴィッカース・ウェリントンのこと）を捕捉、撃破することは、低速時においても、前方斜めからの攻撃同様、両側面からの攻撃を素早く連続して行えば、まったく容易である。このような斜め前方からの攻撃は、敵がこちらの円錐状の射線のなかに入ったときは特に有効である。ウェリントンは燃え易く、一般的に非常に発火しやすい」

手厳しい警告をつきつけられ、昼間の護衛戦闘機なしの出撃から、来るべき対ドイツ攻撃時には夜の衣におおい隠された行動に切り換えていくべきと悟ってからも、英爆撃機軍団は北海方面への「武装強行偵察」を続行した。

英空軍による、12月18日の決定的な打撃以来の出撃は1940年1月2日、17機のウェリントンによって行われた。ウェリントンのある3機編隊は第76駆逐航空団第I飛行隊の4機編隊にかき回され、基地にたどりついたのはこのうち1機のみであった。

8日後、この駆逐飛行隊はヘリゴラント近傍でブレニムを撃墜し、2月12日にはオランダ領アーメラント島北方の海上で別の1機を撃墜した。後者の戦果はファルク大尉のものである。他に2機を戦果として報告したがそれは結局、証明も承認もされなかった。それでも彼の確実撃墜は5機となり、ヴォルフガング・ファルクはドイツ空軍初のBf110エースとなった。

## スカンジナビア
Scandinavia

ファルクの、パイロットとして、また実戦部隊指揮官としての疑いようのない能力は、ドイツ国防軍（ヴェアマハト）が次に行った侵攻作戦に先立って、第1駆逐航空団の第I飛行隊長への推薦というかたちで報われた。

デンマークとノルウェーへの侵攻、占領にあたって、効果的なBf110の運用のための必要条件──その航続性能と攻撃破壊力を有効に活用すべく、ポーランド戦以来の歴戦の3個飛行隊のうち、2個飛行隊を再統合することになった。

このふたつの部隊は明確に限定された任務を与えられた。第1駆逐航空団

第I飛行隊はデンマークの飛行場を占領後もそこに留まることになっていた。ドイツ湾にいたるドイツ空軍の「防衛帯」を延長し、さらにスカゲラク海峡を渡って、ノルウェーのオスロ、スタヴァンゲルにいたる空輸回廊の安全を確保するのが目的であった。

**スカンジナビア侵攻作戦におけるBf110部隊**

| | 基地 | 機種 | 保有機数/可動機数 |
|---|---|---|---|
| ■第10航空軍団司令部：ハンブルク | | | |
| 1./ZG76：第76駆逐航空団第I飛行隊　ギュンター・ライネッケ大尉 | ヴェスターラント | Bf110C | 32/29 |
| 3./ZG1：第1駆逐航空団第3中隊　ヴァルター・エーレ大佐 | ヴェスターラント | Bf110C | 10/9 |
| 1&2./ZG1：第1駆逐航空団第1、第2中隊　ヴォルフガング・クレク大尉 | バルト | Bf110C | 22/17 |

　デンマークでの初期段階の作戦に参加したのち、第76駆逐航空団第I飛行隊だけはノルウェーに移動して、北方戦線での戦闘を続けた。第76駆逐航空団第I飛行隊に割り当てられた任務は、ふたつの飛行隊のなかではずっと楽なものであった。1940年4月9日朝0700時直後、飛行隊主力［第1、第2中隊］はデンマークの首都コペンハーゲンを含む最主要部への示威行動を行う第4爆撃航空団のHe111爆撃機隊をエスコートするために、バルト海沿岸のバルト基地を離陸した。フェルレーゼ飛行場では1機のデンマーク戦闘機フォッカーD.XXIが離陸しようとしたが、ファルク大尉に手早く片付けられてしまった。他の4機のD.XXIは10機のフォッカーC-VEとともに、分散駐機されていた地上で破壊された。

　しかし、侵攻作戦の最初の朝、もっとも記録されるべき出来事は、ヴィクトール・メルダース中尉（有名なヴェルナー・メルダースの弟）による、単独でのデンマークの町アールボルクの占領であろう。そもそもこの任務は公式には、降下猟兵部隊に命じられたもので、彼らはすでにこの町の近郊のふたつの飛行場に降下していた。第1駆逐航空団第I飛行隊はこれに引き続いて着陸したが、小隊長のマルティン・ルッツ中尉がメルダースに命令したのは、町へ行って搭乗員たちの適当な宿舎を探してこい、というものであった。まだ飛行服のままのメルダースは、どうやって町まで行けばいいか、と訊ねた。ルッツは彼の腕を取って、柵越しに指差していった。「見ろよ」彼は言った、「道があるだろう、車が走っている。乗せて貰え」。

　メルダースはそのとおりにした。
　有刺鉄線の柵に沿って、トボトボ歩いていると、親切なデンマーク人がすぐ拾ってくれた。搾乳機のセールスマンだった。アールボルクの町へ入る道の両側をパラシュート部隊の縦列が黙々と歩いているのを追い越した。そのセールスマンは、彼らは我が家に朝食を一口つまみに降りてきたと言い、ラジオの声明に対して、「このドイツ軍の侵攻を、お前は何も心配しなくていいんだよ」とカミさんを安心させたのだと語った。彼はす

地上員が、担当機パイロットの最新の戦果を垂直尾翼に描きこんでいる、もっともらしい宣伝用写真。だが、この撃墜マークに近寄ってよく見るとポーランド機3、イギリス機4、そしてなんとデンマーク機1。この組み合せはヴォルフガング・ファルクしかいない。最後のマークはフェルレーゼ上空でのD.XXI撃墜を記したもの。カラー図版4を参照。

っかり黙りこんでしまった中尉殿を乗せて、さらにちょっと走って、町の高級ホテルの前で降ろすと走り去った。

接収に必要な正規の手続きをすませて、突然ヴィクトール・メルダースは気がついた。自分がこの町に入った最初の、そしていまだにただひとりのドイツ軍人である、ということを。

第1駆逐航空団第I飛行隊はこの月の終わりまでアールボルクを基地とすることになった。部隊はこの間、たいした行動もしなかったが、英空軍の爆撃機集団はますます数を増やして、夜間この地区の上空を通過して行き、いつでもやる気満々のファルクに、何かを思いつかせた。このあたりの緯度では、侵入して来る爆撃機は北の空特有のわずかな明かりによって、そのシルエットが見えることがよくあった。

そこでファルクは、もっとも経験を積んだメンバーを5組選び、彼自身がリーダーとなって、少々オーバーな表現ではあるが、「デンメルングス・ベライト・シャフツ・フロッテ」、文字通り訳せば「薄暮出撃隊」を組織し、まだ初歩的な実験段階とはいえ、夜間戦闘を始めたのである。ファルクの「特別部隊」は、英空軍の爆撃機3機を捕捉、迎撃することはできた。しかし、いずれも地表近くの闇のなかへ逃げ込まれて見失った。この非公式の試みは、全中隊が5月初めに、来るべきフランスおよび低地諸国への侵攻に備えてルール地方へ移動したため、短期間で放棄されてしまった。

ライネッケ大尉の第76駆逐航空団第I飛行隊が、スカンジナビアの最激戦地区を受け持ったことは疑いない。彼等の最初の任務は第1駆逐航空団第I飛行隊同様、敵飛行場に降下する落下傘兵を満載したJu52を掩護し、かつ降下に先立って、相手を制圧することであった。第1駆逐航空団第I飛行隊の場合と違っていたのは、ふたつの目標飛行場がノルウェーにあったことである。Bf110にとって、スカゲラク海峡を渡って帰還するには燃料が足りない見通しであったので、降下猟兵によって制圧された目標の飛行場に着陸するように指示されていた。

4月9日の朝、Bf110の2個編隊はシルト島のヴェスターラントを予定通り離陸し、仲間の3発機[Ju52のこと]攻撃隊とのランデブーに向かった。ゴロプ中尉に率いられた第76駆逐航空団第3中隊はスタヴァンゲル=ゾーラ占領を支援し、ヴェルナー・ハンセン中尉の第76駆逐航空団第1中隊（1./ZG76）はノルウェーの首都、オスロ=フォルネブーを目指して飛んだ（中隊本部小隊と第2中隊は、新たに占領したアールボルクにバックアップのため移動した）。しかし、濃い霧と密雲がスカゲラク海峡を覆っていて、ひどい混乱が起こってしまった。ますます暗くなる天気のため小隊からはぐれてしまったゴロプは、小隊にデンマークへ引き返すように指示を出した。第1編隊4機はこの指令を受信できたが、残る2機編隊2個はそのまましゃにむに前進して、ついに2機が空中接触して墜落した。残骸はのちに海中から回収された。最後に残った2機が、パラシュート部隊降下の数分前にスタヴァンゲル=ゾーラへ到着、30分後にほとんど燃料を使い果たして飛行場に降り立ち、なんとか任務を全うした。

オスロ=フォルネブーに向かった第1中隊のBf110の8機もさまざまな運命に見舞われた。暗い空をかきわけながら飛ぶ彼らは、降下猟兵部隊を乗せたJu52の第一波がすでに引き返してしまったのを知らなかった。そして、航空師団司令部が彼らにも帰還命令を発した時は、すでに手遅れだった。ツェルシュテラー編隊はすでに引き返せる限界地点を過ぎてしまっており、何があろ

1940年4月9日の朝、ヘルムート・レント少尉の乗機「M8+DH」がオスロ=フォルネブー飛行場に派手なご到着。

レント少尉が滑走路端の民家と樹木にぎりぎりまで突っ込んで停止したようすがよくわかる写真。地上の出来事にはおかまいなしに、降下猟兵を乗せた後続のJu52が頭上低くを飛ぶ。レントの機体のカギ十字の上方に描かれた撃墜マークに注目。テイルコーンをとりまいて描かれた「フラッシュ」マークはおそらく編隊飛行用の目印であろう。

うとも、スカゲラク海峡の向こう側のどこかへ降りるしかなかった。そしてオスロ・フィヨルド上空で、日光がさんさんと輝く空域に突然飛びこむと同時に、ノルウェー空軍のグラジエーター8機と鉢合わせした。この格闘戦で、双方が2機ずつを喪失し(グラジエーターのうち1機はヘルムート・レントの5機目の撃墜と認定された)、他の機も損傷を受けた。

オスロ=フォルネブー上空の戦闘のあと、生き残った6機のBf110は飛行場

スタヴァンゲル=ゾーラの滑走路の状態は、オスロ=フォルネブーよりましとはいえなかった。ここでは、第76駆逐航空団の「M8+CK」と所属不明のHe111の両機が、着陸の際に軟弱な地面に足をとられ、つんのめっている。

防衛施設を予定通り攻撃した。この任務に使える予備の燃料はあと20分しか残っておらず、最初のJu52の編隊がやっと視界に入ってくるのは、ずっとあとのことであった。しかし、やってきた輸送機の編隊はパラシュート兵を吐き出す代わりに、着陸態勢に入ろうとしていた。彼らは第二波の一部で、現実には存在しない占領地帯を強化するべき降下猟兵を運んで来たのである［飛行場は悪天候で引き返した第一波の攻撃で確保されているはずだった］。

　最初の輸送機が着陸すると、たちまち猛烈な地上砲火に包まれた。何機かは必死で再離陸したが、続いて着陸した何機かは地上に釘付けになり、他の機は機首を転じてデンマークへ引き返していった。Bf110の燃料はもう底をついており、状況はまったく危機的であった。この時ハンセン中尉が何かを思いついた。かれはレント少尉に、自分と僚機が掩護するから、強行着陸するように命じた。

　グラジエーターによって右エンジンに被弾した機体でレントはすばやく着陸した。2本の滑走路が交差点する地点に停まっているJu52をすれすれで擦り抜けて、レントは全力の急ブレーキをかけた。しかし、滑走路の端で止めることはできず境界の鉄条網を押し倒して、外のスロープを滑り下った。降着装置は千切れて飛び、機体は飛行場に隣接する木立に囲まれた民家の柵を押し倒してやっと停止した。

　さらに2機（うち1機はヴェルナー・ハンセンの乗機）が、グラジエーターとの交戦による被弾はあったものの、何とか無事に着陸した。残る3機も無傷で着陸した。小隊長（ハンセン中尉）はただちにこのBf110の小部隊の5基の後部機関砲で、飛行場内を移動しながら有効な弾幕を張ったが、オスロ=フォルネブーの守備兵たちはすでに撤退命令を受けていた。

　残りのJu52が着陸する道は開かれた。しかし、第76駆逐航空団第1中隊にとって、この日の警戒警報は鳴り止んでいなかった。夕方早く、ハンセンとレントは戦闘被害の少ない2機のBf110を選んで、オスロ・フィヨルドのパトロールに出かけた。そこでノコノコとようすを見にやってきた英軍のサンダーランド飛行艇を見つけると、ハンセンは手早く撃墜した。

　その後数時間のうちに、南部ノルウェーはドイツ国防軍によって掌握された。

第76駆逐航空団第I飛行隊の全機は4月11日にスタヴァンゲルへ集められ、地上軍が北へ進撃するのを支援し、西海岸を守って、北海を渡って来る英空軍の攻撃から、沿岸航路を確保する任務についた。そしてこれはその後数週間続くことになった。これらのBf110による任務の遂行は、6機ほどのJu88によって大いに助けられた。ノルウェー侵攻作戦の直前、爆撃部隊のひとつ、Ju88装備の第30爆撃航空団(KG30)が、長距離直掩任務と哨戒任務を自ら行うために、自隊のなかに駆逐機中隊をもったのである。この部隊、第30爆撃航空団駆逐機中隊(Z/KG30)は、Ju88C-2(多数が量産されたJu88ファミリーのうちの最初の戦闘機型)を使用して、ノルウェー上空で、何機かの英国機を撃墜する戦果をあげた。同部隊からエースが誕生するとは、この時点では誰も考えなかったが、少なくとも、マンフレート・リーゲル少尉とペーター・ラウフス軍曹の2名は、その後、この中隊が夜間戦闘機戦力として改編されてから、それを成し遂げることになった（詳細は「Opsrey Aircraft of the Aces 20——German Night Fighter Aces of World War 2」を参照)。

　この年の4月を通じて第76駆逐航空団第I飛行隊のスコアボードは戦果が増え続け、英空軍のウェリントン、ブレニム、ハドソンなどが「おきまりの食事」として供給されていた。そして、4月18、19日両日に英仏連合軍の上陸作戦が敢行され、この月の後半の戦闘は中部ノルウェーが中心となった。ここで、第I飛行隊はふたたびグラジエーターと会敵した。今回は英空母フューリアスから発艦したもので、レシャスコーグ湖の凍った湖面を間に合わせの滑走路として行動していたが、爆撃と機銃掃射によって、その多くが破壊された。

　4月最後の日、飛行隊はこの作戦での最悪の打撃をうけた。隊長のギュンター・ライネッケのみならず、第3中隊のもっとも優秀なパイロットであるヘルムート・ファールブッシュ少尉とゲオルク・フライッシュマン上級曹長——それぞれ6機および5機撃墜——が英爆撃機を迎撃して戦死したのである。

Bf110Dの巨大な胴体下面燃料タンクが、前方からみたこの写真でよくわかる。この写真ではまた、Bf110のほっそりしたラインが、腹部のフェアリングではなはだしく損なわれているのが見てとれる。この「怪獣」に遭遇した英空軍パイロットの報告書に、「ドルニエの爆撃機」と書かれていても、不思議ではない。

ヘルムート・レントがにこやかに微笑むこの写真は、もっとも戦果をあげた夜間戦闘機パイロットとしてだいぶのちに撮影されたものである。多くの勲章・徽章のうち、左袖のナルヴィク・シルト（盾形のバッジ）は、彼が1940年春に、第76駆逐航空団でノルウェー戦に参加した証である。ドイツ三軍でナルヴィクをめぐる戦闘に参加した者のみに、この盾を付ける資格があった。

ヴェルナー・ハンセンは、5月11日にライネッケの後任となるヴェルナー・レステマイヤー大尉が着任するまで、隊の指揮をとった。このころまでに、英仏軍は中部ノルウェーから撤退し、その軍事行動は、ノルウェー最北部に位置し連合軍にとって最後の拠点地区である北極圏内のナルヴィク周辺に集約されてしまっていた。ノルウェー作戦の最終段階でこの広大な距離は駆逐機にとっても遠すぎるものだったが、この事態は予測されていて、Bf110の航続距離を延ばすしゃにむにの努力の結果として、大型の増槽が開発されていた。その結果は1050リッター入りの、木製の整形カバーに包まれた腹部タンクとなって実現していた。公式にはBf110Dと呼ばれることになるこの改造機種は、最初に、スタヴァンゲル=フォルブスにあった第76駆逐航空団第I飛行隊に配備された。

この機種による特別の中隊が飛行隊付補佐官のハンス・イェーガー中尉の指揮下で結成され、他の中隊から引き抜いたもっとも経験豊かなクルーが揃えられた。この隊は5月18日にトロンヘイムに移動した。イェーガーの総数8機から成るBf110Dの主任務は長距離洋上哨戒であったけれど、トロンヘイムからナルヴィク往復の4時間半にわたる爆撃機護衛長距離飛行も、こなさなければならなかった。この任務はほとんどの搭乗員から、大変嫌がられた。

「ダッケルバウフ（ダックスフントの腹）」とあだ名された理由がよくわかるこのD型の運動性能は、満足できるレベルからほど遠いものとなった。特に残った燃料が、がらんどうのタンクのなかで動き回る状態の時はひどかった。この時コックピットはガソリン臭で一杯になり、苦情の絶えることがなかった。さらに燃料が満タンであろうと空であろうと、火災の危険がついて廻った。それでも、この特別部隊は、再編成された英空軍部隊の反撃に対して、なかなかの戦果を収めた。

相手は第263飛行隊のグラジエーターII（レシャスコーグ湖でさんざんな目にあったのち、5月20日、空母フューリアスから発艦して、ナルヴィク北方のバルドゥフォスに到着した）と、第46飛行隊のハリケーンI（詳細は「Osprey Aircraft of the Aces 18――Hurricane Aces 1939-40」を参照）であった。このハリケーン部隊は空母グローリアスから飛び立って、複葉のグラジエーターの到着直後にバルドゥフォスで合流していた。

5月27日、ヘルムート・レントはボウド上空で、第263飛行隊のグラジエーターを撃墜、このパイロットでのちにローデシア人の英空軍エースとなったシーザー・ハル大尉は負傷した。その48時間後、中隊長のハンス・イェーガーはスカーンラント西方でハリケーンの餌食となり、後部銃手ともども生き延びたが、2名とも捕虜となってしまった。

この時期、別の空戦でラインホルト・エッカルト少尉の僚機、ノイライター上級曹長はエンジンのひとつに被弾した。エッカルトは650km後方のトロンヘイムまで傷ついたBf110に付き添っていくことに決めた。限界までスロットルを絞り、交互に片方のエンジンを停めて自機のスピードを傷ついた僚機と同速に保って飛び続けた。ノイライターのBf110がもはや飛び続けられなくなり、ノルウェー中部山岳地帯の凍結した高原の湖に不時着するのを見届けると、エッカルトはその上を旋回して、地図の上に注意深く位置をマーキングし、彼は基地へと戻った。

のちにの夜間戦闘機エースとして騎士十字章佩用者となったエッカルトがトロンヘイムに帰着した時、離陸から6時間40分経も経っていた。そのため、基

地ではずいぶん前に、2機とも未帰還とされていた。

6月早々、連合軍遠征部隊はナルヴィクから撤退し、マラソンのように長距離、長時間出撃をする、この特別な戦闘機部隊の任務も終わりを告げた。しかし、第76駆逐航空団第I飛行隊はこの後もトロンヘイムに駐留して、同地域の防衛戦力としてにらみをきかせることになった。全ノルウェーがドイツの手に落ちたとはいえ、英空軍はノルウェー海域のドイツ船舶への攻撃を続け、沿岸の飛行場への爆撃を止めなかったからである。

6月13日の空爆は、トロンヘイム＝フェルネス飛行場への爆撃と、損傷を受けて近郊の港にあった巡洋戦艦シャルンホルストに対する空母搭載の急降下爆撃機攻撃とを組み合わせた、大がかりなものであった。しかし、英軍によるこの攻撃はすべてがうまく行かなかった。疲れきったボーフォート爆撃機は、トロンヘイムにはほとんど損害を与えられず、むしろドイツ軍の防空部隊（第77戦闘航空団第II飛行隊のBf109と第76駆逐航空団第I飛行隊のBf110）を舞い上がらせる結果になっただけだった。ドイツ戦闘機群は迅速に追撃態勢に入った。このボーフォート隊はなんとか捕捉されずに済んだが、ドイツのパイロットたちは、トロンヘイム・フィヨルドから彼等に向かって1ダースを越えるスキュア急降下爆撃機が護衛なしで重そうにやって来るのを見つけたとたん、それまでの目標、必死に避退にかかる「双発野郎」に対する興味を失ってしまった。

このスキュアはシャルンホルスト攻撃のための500ポンド［227kg］半徹甲爆弾1発をかかえていて、まったくメッサーシュミットの敵ではなかった。ほんの短時間のうちに8機が撃墜された。

第76駆逐航空団第3中隊が撃墜した4機のうち、最初の1機はゴロプ隊長の戦果で、最後の1機はヘルベルト・ショープ上級曹長の戦果であった。スペイン内戦に参加したコンドル軍団のメンバーであった彼は、そこですでに6機の戦果をあげていたベテランのパイロットであった。ポーランドでは第1教導航空団第I（駆逐）飛行隊に所属して少なくとも2機を墜とし、駆逐機パイロットのなかでは最多の戦績を上げたひとりとして、大戦を生き抜いた。

この作戦の初期段階でスキュアは巡洋艦ケーニヒスベルクの撃沈を含むいくつかの戦果をあげた。しかし、1940年6月13日の惨劇を境に、英国海軍によるスキュア急降下爆撃部隊の出動は、完全に終わりを告げた。大戦の残りの全期間を通じて、第一線から引っ込められたスキュアに代わって、英海軍の空母は戦闘機と雷撃機のみを搭載することになった。

このようにして、あの「ドイツ湾の戦い」に第76駆逐航空団第I飛行隊が参戦して、英爆撃機軍団に、以降の戦闘遂行の考え方を根本的に変えさせた時から6カ月経って、今度は同じBf110の飛行隊が英海軍航空戦力に重大な影響を与えることになったのである。これがわずか2ダースとちょっとの機体と搭乗員がもたらした結果であった。

ノイハウゼン・オーブ・エックに基地を置く第52駆逐航空団第I飛行隊の所属機。フランスと低地諸国への電撃戦（ブリッツクリーク）に参加したBf110戦力の一部である。この機体は、地上攻撃部隊の黒い盾の中に描かれた白いドラゴンのエンブレムをつけている。

6月が終わる前に、第76駆逐航空団第I飛行隊はスタヴァンゲルに帰還、集結して、ここから出撃を行った。7月9日の朝、第77戦闘航空団第II飛行隊の一部と協同して、彼らは英空軍にまたまた手痛い損害を与えた。来襲した12機のブレニムのうち半数が撃墜と報告された。当初これらの戦果のうちの4機がフレジア軍曹の単独スコアとされたが、のちに2機に訂正された（結局、迎撃に上がったドイツ空軍側の戦闘機による報告撃墜数は12機であったが、実際のイギリス側の損失は7機であった）。

　7月9日午後遅く、ゴロブ中尉は北海の遙か遠い海域でサンダーランド飛行艇を迎撃し、シェットランド諸島への中間まで追撃を続けて撃墜した。またゴロブは同日遅い時刻に、ヘルベルト・ショーブと協同で哨戒飛行中のハドソンを撃墜した。

　他にハドソンの数機がこののち数週間のうちに同駆逐飛行隊の餌食となった。

　全ノルウェー作戦中と、その後2カ月の駆逐機戦力全体での損失機数は、20機をわずかに超える程度であった。そして、この時、英国南部の空では「バトル・オブ・ブリテン」が戦われていた。ノルウェーでの比較的軽度の人的被害は、この歴史的な戦いに大きく貢献するべく北海を渡ろうとしている、ヴェルナー・レステマイヤー大尉と第76駆逐航空団第I飛行隊に影響を与え、そして、心構えに隙を作ってしまっていた。

## ■ フランスおよび低地諸国
France and the Low Countries

### 西部戦線におけるBf110部隊（1940年5月17日）

| | | 基地 | 保有機数/可動機数 |
|---|---|---|---|
| **■第2航空艦隊司令部：ミュンスター** | | | |
| **第2戦闘方面空軍（ドルトムント）** | | | |
| Stab/ZG26：第26駆逐航空団本部小隊 | ヨアヒム=フリードリヒ・フート大佐 | ドルトムント | 3/3 |
| I./ZG26：第26駆逐航空団第I飛行隊 | ヴィルヘルム・マクロッキ大尉 | ニーダーメンディッヒ | 34/11 |
| III./ZG26：第26駆逐航空団第III飛行隊 | ヨハネス・シャルク大尉 | クレフェルト | 37/30 |
| I./ZG1：第1駆逐航空団第I飛行隊 | ヴォルフガング・ファルク大尉 | キルヒヘルレン | 35/22 |
| II./ZG1：第1駆逐航空団第II飛行隊 | フリードリヒ=カール・ディコーレ大尉 | ゲルゼシキルヘン=ビュール | 35/26 |
| **■第3航空艦隊司令部：バートオルプ** | | | |
| **第3戦闘方面空軍（ウィースバーデン）** | | | |
| Stab/ZG2：第2駆逐航空団本部小隊 | フリードリッヒ・フォルブラハト大佐 | ダルムシュタット=グリースハイム | 3/2 |
| I./ZG2：第2駆逐航空団第I飛行隊 | ハンス・ゲンツェン大尉 | ダルムシュタット=グリースハイム | 32/22 |
| **第I航空軍団（ケルン）** | | | |
| Stab/ZG76：第76駆逐航空団本部小隊 | ヴァルター・グラープマン少佐 | ケルン=ヴァーン | 3/3 |
| II./ZG76：第76駆逐航空団第II飛行隊 | エーリヒ・グロート少佐 | ケルン=ヴァーン | 33/25 |
| II./ZG26：第26駆逐航空団第II飛行隊 | ラルフ・フォン・レットベルク少佐 | カールスト/ノイス | 35/25 |
| **第V航空軍団（ゲルストホーフェン）** | | | |
| I./ZG52：第52駆逐航空団第I飛行隊 | カール=ハインツ・レスマン大尉 | ノイハウゼン・オブ・エック | 35/23 |
| V.(Z)/LG1：第1教導航空団第V（駆逐）飛行隊 | ホルスト・リーンスベルガー大尉 | マンハイム=ザントホーフェン | 33/27 |

まだBf109戦闘機を装備していた6個駆逐機飛行隊がBf110への機種転換を開始したのは、第1駆逐航空団第I飛行隊と第76駆逐航空団第I飛行隊の両部隊が、デンマークおよびノルウェーに進出するずっと以前にまでさかのぼる。その多くはすでに2月から機種改変を始めており、1940年5月10日のフランスおよび低地諸国(オランダ、ベルギー、ルクセンブルク)への侵攻開始時には、すべての駆逐機部隊がBf110に改変を終えていた。ただし、長距離重戦闘機というコンセプトがそもそも正当なのかということについて、疑いを持ち続けている者も多かった。

　フランス侵攻の数週間前、機種改変が終わったばかりのある駆逐機部隊は、Bf109の部隊と基地飛行隊を共用していた。駆逐機のパイロットたちは、その新しい強力な乗機への無理からぬプライドで、軽快だがちっぽけな単座戦闘機を見下し、悪気はないにしろ、その軽蔑を隠そうともしなかった。彼らの心の安泰にとって不幸だったのは、ドルトムント飛行隊の共同使用者が第26戦闘航空団(JG26)だったことである。

　Bf109のパイロットの大部分は、このからかいが聞こえないふりをしていたが、ひとりの例外がいた。第26戦闘航空団の技術士官、ヴァルター・ホルテンである。彼はあの無尾翼機設計者ホルテン兄弟のひとりであった。翼面荷重、馬力荷重などの話は、ヴァルター・ホルテンにとって、「三度の飯」よりも興味ある話題であった。

　許可をとり、この大きなメッサーシュミットをテスト飛行してみて、ホルテンは彼がBf110の固有の欠点ではないかと疑っていたものについて確信を得た。つぎに彼は、駆逐機部隊の隊長たちからもっとも優秀と目されるパイロットを選んで、模擬空戦をもちかけた。2機はそれぞれ3000mの同高度に上昇し、下で見守っている飛行隊の隊員たちからよく見えるように相対した。

　Bf110の方は経験豊かな飛行士官が操縦していた。後席には誰も乗っておらず、通常の半分の積載状態であった。機体はまっさらの新品だったが、パイロットはきのう、今日の生まれではない。それどころか、第一次世界大戦で片足をなくしているベテランだった。彼はずいぶん警戒していたにもかかわらず、ホルテンのBf109が3回続けてうしろを取った。2機は飛び離れて再度向かい合ったが、結果はまったく同じであった。

　Bf110のパイロットと地上の同僚たちは敗北を認めるしかなかった。

第52駆逐航空団第I飛行隊の中隊エンブレム(30頁の写真を参照)と同じくらい有名なのは、タキシング中のBf110のコックピット下に描かれているこの第2駆逐航空団第I飛行隊のラッパ銃をもつ「ベルンブルクの狩人」である。ポーランド侵攻作戦ではもっとも戦功のあった戦闘機部隊(当時は一時的に第102戦闘飛行隊の名のもとでBf109を飛ばしていた。詳細は本シリーズ第11巻「メッサーシュミットBf109D/Eのエース 1939-1941」を参照)であった第2駆逐航空団第I飛行隊は、「まやかしの戦争」の期間を利用して双発のBf110に機種転換した。

ホルテンは彼らの傷ついたプライドに塩をすりこむようなことはしなかったが、多少の友情をこめて、予言めいたアドバイスをした
「親愛なる皆さん、もしイギリス野郎(エングレンダー)とやり合うことになったら、よくよく注意することですな。奴らの戦闘機は皆、単発だ。いったん連中にBf110の欠点を知られたら、痛烈な不意打ちをくらうかもしれませんぞ」

このようなことがあったものの、始めのうちはBf110の西部戦線での作戦はまずまずの成果をあげ続けていた。1939年から40年にかけての厳しい冬の寒さがだんだんに緩んでくると、駆逐機と英仏戦闘機との遭遇戦の機会は次第に増加してきた。3月の終わりに、第1教導航空団第V(駆逐)飛行隊は英空軍のハリケーンとの戦闘でBf110 1機に損傷を受け、さらに2機を撃墜された。そして、4月2日、メトフェッセル中尉はフランス空軍のモラヌ=ソルニエMS.406を撃墜して、エースの地位を疑いのないものにした(1939年11月23日の報告の公式承認による、第5機目、もしくは6機目の戦果)。

メトフェッセルの勝利の5日後、第2駆逐航空団第I飛行隊は受領したばかりのBf110 2機を、フランス空軍のカーチス・ホーク75Aの攻撃によってアルゴンヌ上空で失った。乗員4名のうち1名だけが負傷はしたが生き延びて、フランス軍の捕虜となった。だがそれも一時的なことだった。6月にフランスが降伏すると、彼、ヨハネス・キール少尉は解放され、駆逐機部隊のなかで重要な地位に就く。

この時の空戦で、飛行隊長ハンネス・ゲンツェン大尉はBf110での初戦果をあげた。ポーランド侵攻作戦における最多撃墜記録をもつパイロットであった彼は、この戦果により9機撃墜となり、少なくともこのあと16日間、全ドイツ空軍中で最高の撃墜戦果をもつ駆逐機パイロットとなった。ゲンツェンは、ライバルであった第53戦闘航空団第III飛行隊(III./JG53)のヴェルナー・メルダース大尉が4月23日に追いつくまで、トップであり続けた。

フランスおよび低地諸国侵攻作戦の初期段階におけるBf110の活動は、それまでに行われたふたつの作戦で立証された戦術的成功を想い起こさせた。新しい戦線の南部および中央部では、駆逐機部隊の大部分は長距離掩護作戦に従事し、ポーランドで行ったのとまったく同じに敵の空軍戦力を減殺して行った。ドイツ空軍はフランス国内だけにかぎっても、50に近い連合軍飛行場を攻撃した。おどろいたことに、高射砲以外に防空戦力の抵抗はほとんどなく、それも散発的で精度に欠けていた。ベルギーでも状況は似たようなもので、第26駆逐航空団第IIおよび第III飛行隊は爆撃機部隊のシャルルロワとアントワープ爆撃に随伴したが、ほとんど何も起きなかった。

一方で第1駆逐航空団は、オランダ上空を北に向かい、1カ月前にデンマークやノルウェーで行ったように、オランダ軍の飛行場を地上攻撃し、パラシュート部隊の降下や強行着陸に先立って制圧を行った。ファルク大尉の第I飛行隊は、ロッテルダム=ワールハーフェンとハムステーデ強襲を掩護し、ハムステーデでは地上で26機を破壊した。この時オランダ空軍機が舞い上がって抵抗を試みた。何名かの第1駆逐航空団のパイロットがこの日、初戦果を報告し、そのなかに第I飛行隊の通信士官ヴェルナー・シュトライプ中尉も含まれていた。彼はのちに夜間戦闘機部隊のトップまで登りつめ、夜間戦闘機総監となった。

しかし、第1駆逐航空団第II飛行隊の技術士官、リヒャルト・マルフフェルダー少尉ほど楽々と戦果をあげたものも少ないだろう。彼の攻撃目標はウリ

シンゲン(フラッシング)飛行場であった。

「最初に、我々は格納庫の前に一列に並べられていた機体を急襲した。つぎに、空中で我々を待ち構えていた一群の機体に遭遇した。オランダ機の1機は我々をおびきよせるような曲技飛行まがいのことをやった。最初の宙返りで、彼は我々のすぐ近くまでやってきて続いてロールに入った。我々がこの道化じみた飛行にさっぱり感銘をうけたようすがないと見るや、彼は我々の右脇へ切りこんで来た。これはちょうど、私の照準器の真ん中ヘドカンと飛び込んで来ることになったのだ。しかし私が発射ボタンを押す前に、彼は機外へ脱出してしまった」

もっともよく知られている駆逐機部隊のマークは、この第76駆逐航空団第Ⅱ飛行隊の恐るげな「シャークマウス」であろう。写真の「M8＋CP」は第6中隊の所属機。この部隊は1940年5月15日、ラン西方で第1飛行隊のハリケーンに手酷くやられている。

戦闘初日の西部方面は駆逐機を2機喪失して終わった。5月11日にはこれは3倍にふくらみ、第2駆逐航空団第Ⅰ飛行隊のBf110も、新しい「防御円陣」を採用したにもかかわらず、英空軍のハリケーンとの空中戦で2機を失い、このなかに含まれることになった。防御円陣とは、攻撃を受けた編隊のパイロットと後席射手が、おたがいに自機の前方と後方を効果的にカバーできるように、連なりながら大きな円を描いて飛ぶ機動であり、教導部隊がBf110のもっとも有効な防御方法として開発したものであった。すべての駆逐機パイロットのハンドブックには、この防御円陣が記載されていた。こののち約3カ月のあいだ、英空軍戦闘機パイロットたちの戦闘報告には、Bf110のこの防御方法に関する記述が次第に頻発するようになったる。

しかし、駆逐機は、あまり連繋がとれていない連合国戦闘機の攻撃に対しては、依然として有効な兵器であった。5月12日、第26駆逐航空団第Ⅲ飛行隊は損失なしで、敵戦闘機8機撃墜の戦果をベルギー上空で収めた。うち1機はゾープス・バーゲ中尉の戦果であった。続く2日間に大した出来事はなかったが、5月15日は駆逐機勢力にとって、この作戦中、もっとも高くついた一日となった。Bf110の9機が失われ、他の何機かが損傷を受けた。この日多くの空戦があったが、なかでもラン西方でハインツ・ナッケ大尉率いる第76駆逐航空団第6中隊(6./ZG76)（「シャークマウス」飛行隊の一部）と英空軍第1飛行隊のハリケーンとの戦いは激戦であった。英空軍パイロットの日記に曰く「彼等は優秀で、自信に満ち、闘志満々であった」。空戦の結果はこれを実証した。ナッケは部下の2機を失ったが、第6小隊はハリケーン3機を撃墜したのである。

翌日、Bf110の3機が失われ、他に数機が損傷を受けた。このなかには、第1駆逐航空団第1中隊のヴォルフガング・シェンク少尉が含まれている。ブリュッセル近郊で9機のハリケーンと空戦になり、彼は脚部に重傷を負ったが、傷の回復後、部隊へ復帰し、戦闘爆撃に従事した。シェンクは地上軍支援任務で着実に進級して、この部門のトップに昇りつめ、1944年に、Me262ジェット爆撃機に機種転換。終戦時の彼のスコアは18機で、ジェット機総監に就任していた（本シリーズ第3巻「第二次大戦のドイツジェット機エース」を参照）。

5月16日はまた「シャークマウス」のパイロットの別のひとりが、このあと3日

連合軍の航空戦力が海峡へ向けて押し込まれていったフランスの空で、制空権を誇示する第76駆逐航空団第Ⅱ飛行隊「シャークマウス」のケッテ（3機編隊）。

間に3機撃墜を飾る最初の戦果をあげた日でもあった。

　ゲオルク・アントニー上級曹長は、駆逐機の最良の時期の典型的な経験をした。それはアントニーと第76駆逐航空団第4中隊（4./ZG76）の仲間のBf110が、バランシェンヌ=サンカンタン=ル・カトー地区の索敵哨戒任務から、接敵もなく帰還中のことであった。高度500mで、のんびりと飛んでいた時、アントニーはHs126偵察機が何となく変な飛び方をしているのに気づいた。

「あのヘンシェルは何を馬鹿みたいなことをやっているんだ、と思ったが、さらに近づいてみると、この機を撃ち墜そうとしているフランス野郎から必死に逃げ回っていることに気がついた。当然、我々はこのフランス機に悪魔のように飛びかかった。隊長機と僚機はスピードが出すぎたため、突っ込んで前へ出てしまった。今度は私の番だ、短い連射を見舞う、その瞬間モラヌは左へ急旋回し、私はちょっとのあいだ、敵を見失った。

「ふたたび視界に入った時、敵は南を目指して小さな森の梢スレスレに逃走しようとしていた。我々はすばやくうしろに付いた。浅いダイブで急速に追いつく。敵陣地の上にさしかかると、歩兵たちが一斉に地に伏せるのが見えた。追跡のあいだ中、私は伏せる撃ち続け、命中もみな確認できた。敵は明らかに基地に戻ろうとしていた。そして彼は前方の滑走路を超低空で突っ切って行った。また同じ光景だ。まるで死神の大鎌でなぎ倒されたみたいに連中がみな泥のなかに突っ伏した上を、3機が轟音とともに飛び抜けて行った――モラヌとピッタリうしろについたふたつの「シャークマウス」だ。

「このフランス機はまだ飛び続けてはいたが、胴体はもう穴だらけだった。前線飛行場を飛び抜けた直後、敵パイロットはフラップを下ろした。

「一瞬のうちに私は彼の真上に来て、衝突を回避するために急上昇したが、短い射撃を送り込む時間はあった。敵の燃料タンクが爆発した時もまだ同高度にあった。

「大きな火焔が広がった。機体が地面に激突して、空中へ跳ね返って新たな爆発が胴体をバラバラに引き裂いた。いまや大きな火の塊が、3回も4回も麦畑のなかを転がっていった」

　後日、別の任務のことである。5月17日、第76駆逐航空団第4中隊の4機編隊（シュヴァルム）2組は、アルベール近郊の駅を爆撃するHe111 9機を掩護して出撃した。敵戦闘機が出現したのは帰途に就いた時だった。モラヌとカーチス・ホーク混成の30機あまりは、東へと全速力で視界から消えかけていたハインケルの編隊は無視して、上昇しながら駆逐機編隊に真正面から向かってきた。ふたたびアントニーが語る。

「敵戦闘機のうちの何機かは下方から、別の何機かは両側面から接近してきた。きわめて注目すべき点は、彼らが大変優秀なパイロット連中で、とにかく、まるで変わった空戦のやり方をしようとしていることだった。おそらく彼らは、このやり方で我々が狙いをつけにくくできると考えていたらしい。

「まさに見ものだった。我々8機はいつも通りのやり方でいったが、周り中がループしたり、バンクしたり、急旋回したり、バレルロールをやったりしている敵機で一杯になった。いまでも、いつ射撃が開始されたかは思い出せない。だが、イヤホーンのなかが興奮したわめき声で一杯だったのは、はっきり憶えている」

　続く格闘戦で、アントニーが2機のホークに弾丸を命中させると、2機目のホークは煙の尾を曳いて急降下して行った。つぎの敵機が視界に入ってきた。

今度のモラヌは、1機の「シャークマウス」のうしろに喰らいついていた。
「『こいつはいただきだ』と自分に言い聞かせた。私は申し分のない位置を占めていた。近距離から彼の太った丸っこい腹部目がけて、よく狙った射弾を送りこんだ。この単座機は一瞬垂直に立ち上がってから、片側の翼の方にひっくり返った。さらに垂直降下から錐揉みとなり、両翼から焔が出て濃い煙を曳きずっていた。それが視界から消えたあと、私はまた格闘戦に飛び込んでいった」

燃料が底をついて、Bf110編隊はフィリップヴィルに給油のため着陸した。アントニーが撃ったモラヌは他のパイロットによって、地上に激突したことが確認された。部隊は総計6機のフランス戦闘機を、自らの喪失ゼロで撃墜していた。

24時間後、アントニーはカンブレー近くの敵地上部隊に低高度爆撃を加えるDo17編隊を掩護する4機編隊の1機として出動した。今度も、基地へ向かって駆逐機が帰途に就くまで敵は見当たらなかった。フランス戦闘機――今回は単機のモラヌ――が現れた。アントニーが最初に発見した。

「……我々より200m上空に親愛なるモラーヌ。突然この向こう見ずな野郎は太陽から飛び出して、我々の最後尾機に襲いかかろうとした。数瞬のうちに彼はその機のうしろにつき、100mの距離から射撃を開始した。我々の隊長、クリスチャンセン中尉は、ただちにスロットルを絞って180度反転し、この敵機に正対した。敵機は失速反転をやって、隊長機の下方に急速に向かって来た」

「私は急降下に入った。一瞬敵機は、私の仲間の陰に入ってしまった。しかし、急降下から引き起こしてみると、奴は私の照準器の光の環のど真ん中にいたのだ。私のやることは発射ボタンを押すだけだった。さらに接近しながら親指を押し続けていた。突然、敵機の左翼から明るいオレンジ色の焔が吹き出した。敵機はぐらりとよろめいてから上昇し、一瞬翼の丸い国籍マークが太陽に照らされて光ったが、すぐグルリと一回転してひっくり返って地表へ向かい、カンブレー東北にある第一次世界大戦のカナダ軍戦没者の大きな墓地に、バラバラになって飛び散った」

ゲオルク・アントニー自身は、この時期の駆逐機エクスペルテになりたての若鳥としての完璧な一列であり、西部戦線の初期段階で自信をつけ戦績を上げてはいた。だが、これを、Bf110がその最盛期にあった時のようすを表している代表的な話として考えるべきではないだろう。こののち、夏のイギリス南部で切って落とされた戦いに向かって徐々に激しさを増していった戦闘に際し、確かにアントニーは他の同僚たちよりは長生きしたが、1940年8月3日、ついにハートフォードシャー基地の第56および第303「ポーランド」飛行隊のハリケーンによって撃墜され、戦死することになる。そして、「バトル・オブ・フランス」で早くも、何人ものエースたちが戦死者の列に加わったのである。

アントニーが第2番目の撃墜を果たしたその5月17日、第1教導航空団第Ⅴ(駆逐)飛行隊は、最高のスコアをあげていた第14中隊の隊長、ヴェルナー・メトフェッセル中尉を、ランス西方で英空軍のハリケーンによって失っていた。5月18日はまた、駆逐機部隊が重大な損失をこうむった日で、8機が未帰還となった。そのなかには、ポーランドで第1教導航空団第Ⅰ(駆逐)飛行隊を率いて大いなる戦果を収めた、コンドル軍団以来のベテランであり、いまや第76駆逐航空団司令となっているヴァルター・グラープマン少佐も含まれていた。ディナン近郊で英空軍戦闘機に捕捉されたグラープマンは低空で機から脱出、降下した。一時フランス軍の捕虜となっていたが、彼はその後第76駆逐

航空団を率いて「バトル・オブ・ブリテン」を戦い、その後も同じ地位にあった。彼はスペインでのスコアにBf110による6機の戦果を上乗せして、1941年には航空幕僚候補の筆頭にまで昇進した。

ドイツ地上軍は海峡の港湾都市に接近中で、ドイツ空軍はこの地域上空で、英空軍の戦闘機からのますます強い抵抗を受けるようになっていた。5月23日、ブーローニュおよびカレー上空での一連の衝突で、第26、76駆逐航空団の要員たちは、第76駆逐航空団第Ⅱ飛行隊長エーリヒ・グロート少佐の8番目の撃墜を含めて、数機の戦果をあげた。彼らのその日の対戦相手で、戦果のうちの少なくとも1機は、スピットファイアの第92飛行隊長であったR・J・ブッシェル少佐で、内陸部でBf110を低空で追撃しているところを目撃されたのが彼の最後であった。エンジンに被弾したロジャー・ブッシェルはブーローニュ東方に不時着した。4年近いの捕虜生活のあとで、「ビッグX」(脱走委員会のチーフ)としての経歴のなかで、あの「大脱走」――1944年3月の第Ⅲ空軍捕虜収容所(サガン)から76名の集団脱走――を組織化し参加した。脱走者のうちブッシェルを含む50名は逮捕され、ゲシュタポに銃殺されてしまった。

5月23日には駆逐機部隊の損失はなかったものの、3機が損傷を受け、乗員5名が負傷した。このなかには第26駆逐航空団第Ⅰ飛行隊付補佐官のギュンター・シュペヒト中尉と彼の無線／後部射手が含まれている。シュペヒトはカレー上空で英空軍戦闘機3機を撃墜したが負傷し、被弾した乗機でカレーとブーローニュの中間点（ロジャー・ブッシェルのスピットファイアと同じ地区？）に不時着した。シュペヒトはまだ第26駆逐航空団第Ⅰ飛行隊がBf109Dを飛ばしていた1939年9月29日、「ドイツ湾の戦い」で、ハンプデン2機を撃墜して彼のスコアボードの幕開きとしていた。また同じ地区で彼はウェリントン1機を12月3日に撃墜しているが、この時、敵の防御砲火で顔面に負傷し、左眼を失明している。シュペヒトはこの2度目の負傷をおして、大戦末期に今度は

搭乗員たちがフランスや低地諸国の空でのびのびと楽しんでいる時も、地上員にとって物事は少々異なっていた。前進する地上軍にあわせて占領地帯へ駆逐機部隊が前線移動するにつれて、本国基地の便利さも置き去りにされてきたからだ。写真はいうことをきかない第1駆逐航空団第Ⅱ飛行隊の「2N＋DM」（製造番号3026）の尾輪と、5、6人の地上員が格闘しているところ。

第26駆逐航空団はフランスを横切って大急ぎで送りこまれたもうひとつの部隊であった。次の出撃に向けて擬装された掩体から出て行く「3U＋LN」は機首にふたつの部隊マークをつけている。白い木靴は第Ⅱ飛行隊を、スペードのエースが第5中隊を示す。

索敵哨戒飛行──フライエ・ヤークト」の雰囲気を象徴するように、千切れ雲の間を遊弋する第26駆逐航空団のBf110。所属飛行隊は不明。

第26駆逐航空団第5中隊のBf110。垂直尾翼に5本の撃墜マークが描かれている。個別標識の「A」をつけていることから、おそらくこの機体と後方の機体はともに中隊長の乗機と思われる。

第76駆逐航空団第Ⅱ飛行隊の「シャークマウス」が、まだ煙を上げているダンケルクの廃墟の上を飛ぶ。BEF(英国大陸派遣軍)が撤退し、バトル・オブ・フランスの前半は勝利に終わった。

単座戦闘機を駆って戦線に復帰したが、1945年元日の連合軍飛行場襲撃「ボーデンプラッテ作戦」で行方不明となった。

　シュペヒト不時着の翌日、もうひとり、北海でのBf109Dのベテランが負傷した。ロルフ・カールドラックはスペインのコンドル軍団で3機を撃墜し、その後第101戦闘飛行隊に移って「ドイツ湾の戦い」でウェリントン1機撃墜を報告。

第52駆逐航空団第Ⅰ飛行隊に占拠された前線飛行場から次の任務に離陸しようとしているBf110。宣伝写真班員による撮影。第1中隊の「A2＋BH」は編隊長機のようだ。

中隊長機のちょっとした不注意が原因だろうか。一見したところ、この「A＝アントン、H＝ハインリッヒ」は連合国側の報復爆撃をくらったとも見えるが、オリジナルプリントをよく見ると、曲がったプロペラブレードが真相を物語ってくれる。へまな離陸か、乱暴な着陸かで、尾部が完全にもぎ取られてどうにも格好悪い始末となっている。

敵の空襲の脅威は明らかに深刻になって来た。飛行隊の別の機体に注意深く擬装用の若木を立てかける地上員。

そしていまは、第1駆逐航空団第4中隊(4./ZG1)の隊長となっていた彼は5月24日の索敵哨戒飛行での被弾でトリエールで不時着、バトル・オブ・ブリテンの期間に部隊へ復帰した。

　48時間後の戦闘はさらに悲劇的な結末を迎えた。ドイツ軍はこの作戦に入って2週間を超え、大部分の駆逐機部隊は進撃する地上軍に合わせて、占領

地帯を前進していった。第2駆逐航空団第I飛行隊は一時的にベルギーのヌフシャトーに基地を置いていた。ここで、部隊は英空軍の2機のブレニムの、こうるさい襲撃をうけた。この侮辱は指揮官のヨハネス・ゲンツェン少佐にとって、我慢できないものだった。身振りで部隊付補佐官についてくるように合図すると、本部小隊の出発準備ができている機体の方へ猛然と走り出した。機体によじ登ったふたりは離脱しようとしているブレニム目がけて追撃に上がろうとした。しかし、急ぎに急いだので、両名とも縛帯をきちんと装着していなかった。上昇しようとしていたBf110の尾部が飛行場の端の木立の梢をひっかけ、機体は大地にたたきつけられた。乗っていたふたりは即死した。ドイツ空軍最初のエースはこうして帰らぬ人となった。

　5月最後の週、連合軍がダンケルクから急ピッチで撤退するころ、航空作戦の中心は海峡沿岸に集中された。英国大陸派遣軍(BEF)のイギリス将兵にとって、英空軍によるダンケルクへの支援がほとんどないことは苦々しい限りで、沿岸周辺から帰還してくる駆逐機のパイロットたちが「敵機で一杯だった」と語るのとはひどい対照を成していた。第1駆逐航空団第I飛行隊と第52駆逐航空団第I飛行隊はこの地域でかなりの損失をこうむったし、英空軍スピットファイアとの最初の小競合いから生還したパイロットたちはBf110の鈍重さと、空戦性能のひ弱さについて思い知らされ始めていた。

　とはいえ、損害は決して一方的なものではなかった。5月31日、隊長機のテオドール・ロッシヴァール中尉(のちの駆逐機エース)に率いられた第26駆逐航空団第5中隊(5./ZG26)の4機編隊は、ダンケルク郊外でこちらの約10倍の機数の、統制のとれないガチョウの群みたいなスピットファイアと交戦し、そのうちなんと5機をドーバー海峡へたたき落としたと報告している。

　翌日、第76駆逐航空団第II飛行隊はこれよりさらに2機多い7機の英空軍

凱旋門(左下)上空を飛ぶ第1教導航空団第V(駆逐)飛行隊の4機編隊。無防備都市を宣言したパリは、プロパガンダ写真の理想的な背景になっている。戦時の検閲官がこの写真に「手術」を施そうとしたが、単に各機体のパーソナルレターの文字を削除しただけに終わっているので、飛行隊のエンブレムと部隊コードすべてをはっきりと読み取れる。

フランス陸軍を南へ追いやっている最中に、このBf110のパイロットは田舎道で丸見えのソミュアS-35戦車の上空を低くバンクしている。

戦闘機を撃墜し、うち1機はまさに撤退作業が行われている海岸でものにした、と報告した。獲物が墜落していくのを追ったハインツ・ナッケ中尉は、そのスピットファイアが砂浜に突っ込み炎上するのを見て満足したが、地上の怒り狂った歩兵たちが撃ち上げる銃弾から、大急ぎで退却しなければならなかった。

　西部戦線における前半戦の終結を印象づける、フランスからの英国大陸派遣軍の撤退は6月2日から3日へかけての夜半に完了した。この戦闘で駆逐機部隊は総計60機のBf110を失った。

　ドイツ軍は砲火が最終的に止むまでの3週間、急速に後退するフランス軍を追跡して占領地域を拡げた。駆逐機部隊の損害は、ごくわずかであった。およそ半ダースほどの駆逐機が、フランス空軍との戦闘で失われ、他に5機が、なんとスイス空軍に撃墜されていた。永世中立を厳守しているスイスは大戦当初より懸命になってその国是を保とうとしていたが、ドイツのフランス侵攻作戦が始まるにつれ、多くの外国機が越境してくるようになった。犯人のなかで特に多かったのはドイツ空軍のHe111であった。南フランス爆撃で損害をうけ、本国の基地までの帰還が心許なくなると、彼らは平穏なスイス西部のバーゼル上空を突っ切って、何十kmかの近道を無断侵入することをためらわなかった。スイス側は自己の空域を護るために、つねに急速に反応して、この侵入者を攻撃、何機かは撃墜した。激怒したヘルマン・ゲーリングは、スイスに思い知らせることを決心し、第1駆逐航空団第Ⅱ飛行隊にこの仕事をやらせるべく南方に派遣した。

　6月4日、1機のHe111を護衛した28機のBf110が、スイス空軍機をフランス上空におびき出すために考え出された計画に基づいて、ジュラ山塊を横切って飛んだ。しかし、この計画が失敗すると、つぎにドイツ側は中立国境を侵犯

新たに採用された明るい色の迷彩による効果をよく示している第76駆逐航空団の2機編隊。後方のダークグリーンの機体がはっきりと際立っている（たまたまこの機体が、千切れ雲でシルエットになっていることを考慮しても）のに対して、まだら迷彩に塗られた右下の第5中隊の「3U+HN」は、典型的なヨーロッパ大陸の農地の景観に実にうまく溶け込んでいる。

して飛んだ。ただちに、目を光らせていたスイス空軍のBf109E群が襲いかかって来た。そして引き起こされた空戦の結果は、痛み分けに終わった。Bf109EとBf110がそれぞれ1機撃墜された。

4日後、ディコーレ大尉の中隊が、また同じ任務を命令された。単機のスイスEKW C-35偵察機をプルントルート上空で墜としたのは、戯れではなかった。第1駆逐航空団第Ⅱ飛行隊の3個中隊は、スイス側のジュラ山塊上空にそれぞれ高度2000、4000、6000mに3つの防御円陣を作って事態の発展を待った。哨戒飛行中のスイス軍Bf109Eが1機上空に現れ、下の防御円陣目がけて7000mから急降下に入った。今回もスイスの戦闘機は失われた。重傷を負ったパイロットは彼の「エミール」[E型の愛称]を何とかベツィンゲン=ビールに不時着させることに成功したが、ドイツ側も4機のBf110が基地に戻って来なかった。多分賢明な判断であったのだろうが、ゲーリング元帥は3度目の作戦遂行には固執しなかった。

## chapter 2
# 初めての苦境
first reversal

海峡地帯へ駆逐機部隊が進出するにともなって、Bf110の防御能力に対する懸念が深まり始めた。さらに、狭い海峡部を渡ってイギリス南部へ飛ぶ、来るべき戦いは、ゲーリング御自慢の「鉄騎兵」(アイアンサイド)の世評を吹き飛ばしてしまうものとなった。

この傾向を強調するかすかな兆しは、フランス侵攻作戦の終わりころにはすでに現れていた。英空軍爆撃機によるドイツ本土への夜間爆撃の回数の増加が、ドイツ空軍省内部の誰かに、かつてヴォルフガング・ファルク大尉の書いた報告書をじっくりと読み直す気にさせたのは確かであった。この報告書はファルクの駆逐機部隊が4月に短期間、デンマークに駐留していたあいだの、初歩的な夜間戦闘の経験について記したものであったが、報告書の反響はそれまで、ファルクが期待していたものとは、まったく異なっていたようである。

ベルギーからフランスへ、アシュ、ニヴェール、ヴァンデヴィル、そしてアベヴィルと転戦してきた第1駆逐航空団第Ⅰ飛行隊は、ル・アーヴルで

この写真にドイツがつけた説明は、第52駆逐航空団第Ⅰ飛行隊のBf110が英国への出撃に向けて離陸しようとしている、というものである。ただし、バトル・オブ・ブリテン開始時、この部隊は第2駆逐航空団第Ⅱ飛行隊と名称変更されていた。とはいっても、後方の機体の「AZ+KH」は元の部隊のエンブレムと胴体コードレターをそのまま残している。

## バトル・オブ・ブリテンにおけるBf110部隊（1940年8月13日現在）

| | | 基地 | 保有機数/可動機数 |
|---|---|---|---|

**■第2航空艦隊本部：ブリュッセル**

**第2戦闘航空管区司令部（ワサン）**

| | | | |
|---|---|---|---|
| Stab/ZG26：第26駆逐航空団本部小隊 | ヨアヒム＝フリードリヒ・フート大佐 | リール | 3/3 |
| I./ZG26：第26駆逐航空団第Ⅰ飛行隊 | ヴィルヘルム・マクロッキ大尉 | イヴランシュ＝サントメール | 39/33 |
| II./ZG26：第26駆逐航空団第Ⅱ飛行隊 | ラルフ・フォン・レットベルク大尉 | クレシー＝サントメール | 37/32 |
| III./ZG26：第26駆逐航空団第Ⅲ飛行隊 | ヨハン・シャルク大尉 | バルリー＝アルク | 35/24 |
| Stab/ZG76：第76駆逐航空団本部小隊 | ヴァルター・グラープマン少佐 | ラヴァル | 2/0 |
| II./ZG76：第76駆逐航空団第Ⅱ飛行隊 | エーリヒ・グロート少佐 | アベヴィル＝イヴランシュ | 24/6 |
| III./ZG76：第76駆逐航空団第Ⅲ飛行隊 | フリードリッヒ＝カール・ディコーレ大尉 | ラヴァル | 12/11 |

**■第3航空艦隊本部：パリ**

**第Ⅷ航空軍団（ドーヴィル）**

| | | | |
|---|---|---|---|
| V.(Z)/LG1：第1教導航空団第Ⅴ（駆逐）飛行隊 | ホルスト・リーンスベルガー大尉 | カン | 43/29 |

**第3戦闘方面空軍（ドーヴィル）**

| | | | |
|---|---|---|---|
| Stab/ZG2：第2駆逐航空団本部小隊 | フリードリヒ・フォルブラハト大佐 | ツーシュス＝ル＝ノーブル | 4/3 |
| I./ZG2：第2駆逐航空団第Ⅰ飛行隊 | エーベルハルト・ハインライン大尉 | カン＝カルピケ | 41/35 |
| II./ZG2：第2駆逐航空団第Ⅱ飛行隊 | ハリー・カール少佐 | グワイヤンクール | 41/34 |

**■第5航空艦隊本部：スタヴァンゲル**

**第Ⅹ航空軍団（スタヴァンゲル）**

| | | | |
|---|---|---|---|
| I./ZG76：第76駆逐航空団第Ⅰ飛行隊 | ヴェルナー・レステマイヤー大尉 | スタヴァンゲル＝フォルス | 34/32 |

計315/242

海岸に達していた。この地でファルクは、回れ右をして彼の2個中隊を連れて本国に戻り、ドイツ空軍初の正式な夜間戦闘機部隊を作れという、突然の命令を受領した（第1駆逐航空団第Ⅰ飛行隊だけはフランスに残って、新しい試験的な戦闘爆撃機部隊；第210実験隊の中核戦力となった）。第1駆逐航空団第Ⅰ飛行隊が戦線から突然に姿を消したことは、第1駆逐航空団第Ⅱ飛行隊を苦しみのなかへ置き去りにすることになった。

たまたまこのころ、ディコーレ大尉の部隊は部隊名称が変更になり第76駆逐航空団の第Ⅲ飛行隊となった。他に、第52駆逐航空団第Ⅰ飛行隊が第2駆逐航空団第Ⅱ飛行隊となった。ここはそれまで整然と組織されてきた駆逐機部隊で、この時は、イギリス攻撃に向けての態勢を整えていた。駆逐機戦力が緊密な全体組織を保っていられたのは、この時が最後であると考える者は、まだ誰もいなかった。

そしてこの数週間後のイギリス侵攻が、Bf110に具現化された重戦闘機というコンセプトがもはや永久に崩れ去ってしまうことを示すことになるのだった。

個々の成功は収めていたし、また何人かの個人的な戦果は伸びていった。しかしバトル・オブ・ブリテンでの駆逐機の物語は、日々の損失を記録した目録以上のものではなかった。終わりには、さらにいくつかの部隊が第1駆逐航

第26駆逐航空団の3つの飛行隊はすべてイングランド南部の戦闘にどっぷりと浸かっていた。ここでは第26駆逐航空団第Ⅱ飛行隊の隊長ラルフ・フォン・レットベルク大尉が、つぎの出撃のブリーフィングを行なっている。この部隊の「木靴」のエンブレムはペナントに描かれて、つねに飛行隊の本部前にひるがえっていた。

第26駆逐航空団第Ⅲ飛行隊のエンブレムはダイアモンド形のなかに描かれたテントウムシで、この部隊のBf110にピッタリと寄り添っている感じだ。また、一過性の水性ペイントで塗られた白い機首にも注目。これはバトル・オブ・ブリテン参戦中に第26駆逐航空団の駆逐機へ施された臨時の作戦マーキングである。

空団第Ⅰ飛行隊の跡を追って夜間戦闘戦力となって行き（ここでBf110はその真の居場所を見つけた）、また他の部隊は戦闘爆撃機の任務へと再編成されていった。もっとも、Bf110の後継となるべきMe210の完全な失敗もあり、Bf110は大戦中期に駆逐航空団の装備機として復活し、1944年なかばまで第一線機として使用され続けることになる。

バトル・オブ・ブリテンの第一段階はドーバー海峡のイギリス艦船の封鎖を目的としていた。この目的に沿って、Do17爆撃機とJu87シュトゥーカの混成部隊が編成され、Bf109のエスコートがつけられた。Bf110部隊はこの任務にはついていなかったが、しばしば、これらの部隊と連動して作戦し、掩護した。駆逐機部隊はこのようにして1940年7月の終わりの3週間を海峡とイギリス南部港湾都市部で活動した。

おそらく有名な「シャークマスク」だけでは満足できなかった第26駆逐航空団第Ⅱ飛行隊の乗員の誰かが、戦っている相手国（または基地としている国）の国旗を自機のコックピット下に描いている。この第5中隊の「M8＋BN」はすでにベルギーとフランスの旗をつけている。この中隊の参加する作戦が増えるにつれて、旗の数も増えていった。地中海方面の作戦が終わって北海地域に戻ってきたある機体にはなんと9カ国……、ベルギー、フランス、イギリス、オランダ、ギリシャ、イラク、ユーゴスラヴィア、ノルウェー、そしてデンマークの旗があった。

しかし、この初期の段階でも、Bf110の軌跡についてまわる3つの要素——防御円陣、増加する被害、そして過大に報告された敵機撃墜破の戦果——はこの戦いを通じてすでにはっきりと表れていた。

　まず第一の、防御円陣について、英空軍のパイロットたちは、駆逐機が「あっというまに環を作る」と述べている。7月10日、第26駆逐航空団第Ⅲ飛行隊の30機ばかりのBf110が、たった3機のハリケーンの出現で、まさにこれをやった。もっとも、公平に見るならば、このいわゆる「防御円陣」は同時に敵をおびき寄せる方法であり、広い空域を、ぐるぐる廻り続ける機体の群で埋めつくす意義があったといえる。この「蜂の巣」は敵戦闘機を引きつける磁石のようものなのであるので、同伴してきた爆撃機群への圧力を減殺するという、本来の目的を果すものでもあったのだ。

　時には英空軍のスピットファイアやハリケーンがこの円陣を攻撃中に、上空にいたBf109の編隊にかき廻されることがあったが、これが、この長距離戦闘機がもはや単座戦闘機の掩護なしにはやっていけないという、広く信じられている話を生み出すことになった。この防御円陣は、時には最大の安全策と組み合せられた積極的戦術として用いられており、この渦巻いた群が着実に目標に向って「前進」して行ったのである。しかしこのような対策をとったにもかかわらず、駆逐機部隊は作戦開始後すぐに大きな戦闘損害を出し始めた。

　当初は少数であったが、それでも第26駆逐航空団第Ⅲ飛行隊は7月9日に1機、第1教導航空団第Ⅴ（駆逐）飛行隊は同日に1機、第26駆逐航空団第Ⅲ飛行隊は7月10日に3機を、そして第76駆逐航空団第Ⅲ飛行隊は7月11日に4機を失っていた。なかでも最後の部隊（第76駆逐航空団第Ⅲ飛行隊）の損失のなかで、ハンス・ヨアヒム・ゲーリング——あの元帥の甥——のBf110は第87飛行隊のハリケーンとのウェイマス湾上空の小ぜり合いで致命的な被弾を受け、ポートランド港の海軍ドックを見下ろす高みに激突し大きな穴を残した。

　敵機撃墜破に関しての過大すぎる報告という点については、これは決して

第76駆逐航空団第Ⅱ飛行隊に所属するBf110の4機編隊が海峡の島嶼部の基地から発進し、つぎの任務に向けてイングランドの南岸を飛ぶ。

イングランド上空でも多くの駆逐機が撃墜されたが、酷い損害をうけた他の多くの機体も海峡を越えて帰還することができなかった。そのうち何機かは、この一連の写真に見事に写されている「黄(?)のG」のような最期を遂げた。本機の正確な所属は資料によって異なっている。ある資料によれば、この劇的な連続望遠写真は、フランス本土側から撮られたもので、ヤーコブ・ビルンドルファー曹長の操縦する第76駆逐航空団第6中隊機の最期を写したものだという。もしそうであるなら、この出来事は「バトル・オブ・ブリテン」の初めのころのものであり、乗員は2名とも救助されている。なぜなら、ビルンドルファーは、1940年8月15日に(「M8＋BP」、34頁下の写真の3機編隊の一番上の機体を操縦していて)ワイト島に不時着して、戦死しているからである。別の資料によれば、このBf110は第26駆逐航空団第Ⅲ飛行隊所属の製造番号3263であり、9月25日に海峡部に墜とされたという。さらに、乗員2名(最下段の水中の○印の中)は無傷で、空海救助隊に救助されたとある。

駆逐機部隊に限ったことではなく、ルフトヴァッフェ全体にもあてはまることであった。戦場の心理として、また、まったく誠実であったことは疑いないとしても、戦果の過大な見積りは両軍ともにあったのである。問題があったとすれば、少なくとも交戦の初期段階においては、駆逐機は編隊で戦っているという傾向がこの問題を大きくしたのであって、敵数機かそれ以上の戦果の報告が、同一の敵機撃墜に対して重複してなされることになるわけである。このようにして、7月10日の戦闘で第26駆逐航空団第III飛行隊は敵12機撃墜を報告しているが、これこそは楽観的な戦果報告の上限を示すものであった。なぜなら、この日、英空軍の損失はドルニエと空中衝突したハリケーン1機だけだったのである。

こうした状況にのなかで(もしくはそのおかげで?)、何人かの新しい名前が、5機撃墜を報じるパイロットのなかに登場して来た。また、古参の顔ぶれは戦果を延ばしていた。第26駆逐航空団第8中隊(8./ZG26)は特にこの時期に戦果を収めた部隊とされている。中隊長の「コニー」・マイヤー中尉は、7月の終わりまでに5機撃墜を果たした何人かのうちのひとりで、ゾフス・バーゲはこれを7機まで延ばした。

ドーバー海峡封鎖を達成したのち、ドイツ空軍は、「アドラータ-ク(鷲の日)」[英国本土上陸作戦決行日]の準備に入ったが、これは、イギリス本土に対しての第2段階の攻撃態勢に入ったことを意味し、英空軍に対して制空権を獲得することを目指したものであった。

駆逐機部隊はアドラータ-クに先立つ期間に、いくつかの激しい戦闘を行った。8月8日のそれは、大規模な護衛戦闘の最後のひとつで、第2駆逐航空団第I飛行隊と第1教導航空団第V(駆逐)飛行隊は敵18機撃墜の戦果をあげたものと信じられている。72時間後、第2駆逐航空団の第I、第II飛行隊は、まだドイツ空軍が続けていた大規模な海峡横断爆撃を掩護する一翼を担って出撃した。協同防御円陣によって対応したにもかかわらず、このふたつの飛行隊は、60機以上のBf110のうち、編隊長であり、かつ第2駆逐航空団第I飛

8月15日の北海越えの悲劇的な侵攻作戦ののち、第76駆逐航空団第I飛行隊はただちにあの不格好な「ダッケルバウフ(ダックスフントの腹)」タンクを、この写真で第2中隊のハインツ・フレジア軍曹の機体が装着しているようなもっと小型で落下式のものに置き換えた。先のものとはデザインの異なるテントウムシの中隊エンブレム(カラー図版18を参照)に注目。

行隊長エルンスト・オート少佐を含めた6機を失った。
　同じ8月11日、もっと東の方で、第210実験隊は第26駆逐航空団第I飛行隊にエスコートされていた。リーダーの第26駆逐航空団第1中隊長ヨハン・「ハンス」・コグラー大尉は、やはり撃墜されてしまい、エセックス州海岸近く海面に不時着したが、うまく空海救助隊に拾い上げられて生還した。コグラーは4年後に第26駆逐航空団の司令になっている。
　コインの反対側には勝者がいた。第76駆逐航空団第9中隊(9./ZG76)の、のちの騎士鉄十字章佩用者であり、単座戦闘機のエクスペルテとなった、ロルフ・ヘルミッヒェン少尉が5機目の戦果を収めた。彼は64機撃墜の記録とともに大戦を生き抜き、このうち26機以上が、アメリカ重爆であった点は称賛に値するだろう。
　8月13日、アドラータークはついに発動された。しかし、天候が悪く、すでにそのために何回も延期されていたのだが、慎重に策定されていた攻撃計画はズタズタにされてしまった。ノルウェー侵攻の時と同様に、引き返せとの命令が出された。しかし混乱に追いうちをかけただけだった。第26駆逐航空団はこの命令を確かに受信して基地に引き返したが、落ち合うはずだった第2爆撃航空団(KG2)のDo17 74機は単独で戦場に向う破目になった。他では、帰還命令を受信したのが爆撃機側の方だった。第1教導航空団第V(駆逐)飛行

第3中隊の「G=グスタフ、L=ルートヴィヒ」をとらえた空撮写真。第26駆逐航空団所属の多くの機体に施された臨時の白の識別塗装がよくわかる。

特別な戦術マーキングは何もつけていない、この第26駆逐航空団第1中隊の「U8+AH」は、ライトブルーの胴体脇腹に、これ以前のコードレターの跡が見てとれる。しかし、この「A=アントン、H=ハインリヒ」が、新造機で、工場で記入された時の4文字記号なのか、他の部隊から移籍してきた時に記入されたものかはわからない。

隊は見事にひとりぼっちとなり、あとからやって来るはずの第54爆撃航空団（KG54）のJu88群が、パリ西郊の基地から動かないでいることをまったく知らずにいた。

この日、いくつかの駆逐機部隊が総計30機以上の英空軍戦闘機撃墜という楽観的報告をしたが、実際、アドラータク初日のドイツ空軍はBf110 13機を喪失した。ゲーリングは怒り狂ったが、ご贔屓の「鉄騎兵」──「長距離掩護戦闘機」構想の明らかな崩壊をまだ認めようとはせず（その速度と格闘性能の欠陥が残酷なまでに暴露されていたのに）、部隊指揮官を酷評する方を選んだ。

8月15日の出動ののち、48時間たっても、昇進したばかりの国家元帥（ライヒスマーシャル）の機嫌は好転しなかった。この日は、おそらく駆逐機の全史のなかでも最悪の一日であった。ほぼ30機になんなんとするBf110の損失──それはまさに1個飛行隊が消滅したのに匹敵する数であった──が撃墜されるか、修理不能な損害を受けた。喪失したなかには3人の飛行隊長も含まれていたのである。この日の各方面連動の攻撃のハイライトは、第5航空艦隊の戦闘参加による奇襲攻撃であるはずであった。しかし、そうはならなかった。英空軍の戦闘機戦力は全兵力をイングランド南部に集中している、というドイツ情報部の誤った分析に導かれて、ハンス＝ユルゲン・シュトウンプ上級大将は、ほとんど防衛戦力がないとされていたイングランド東北部へ向けて、スカンジナビアに展

1940年8月18日──あの最悪の日──に第26駆逐航空団が喪失した15機のうちの1機。このハンス＝ヨアヒム・ケストナー少尉の「3U＋EP」は、英空軍戦闘機による損傷のため、ケント州ニューチャーチ近郊に胴体着陸したものである。

この日、帰還できなかったもう1機。第26駆逐航空団第I飛行隊付補佐官、リュディガー・プロスケ中尉の「U8＋BB」で、この機体は、軍隊に入る前に牧師だった経歴をもつ、フランスで負傷したギュンター・シュペヒトの乗機を引き継いだものだった。やはりケント州のリド近くに不時着したもので、機首の4挺のMG17はすでに外されている。上部カウリングは失くなっているが、飛行隊本部小隊のマークがよくわかる。そのうしろの「羽が生えた鉛筆」はデスクワークを強いられていたシュペヒト補佐官の不満を表した絵であろう。

開していた爆撃機集団を北海を越えて送りこんだ。

　この爆撃機編隊は、スタヴァンゲルからの、レステマイヤー大尉に率いられた21機のBf110Dにエスコートされていた。巨大な腹部タンク、「ダックスフントの腹」のおかげで標準型の駆逐機よりさらに手にあまるBf110Dは、ノーザンバランド海岸でいきなりスピットファイアとハリケーンの大編隊に出くわした時、ほとんど生き延びるチャンスはなかった。隊長機を含む7機が撃墜された。のちにオーストラリア人のエースとなったデズ・シーン中尉のスピットファイアMkIの砲火を浴びた時、ほとんど空になっていた腹部タンク内の気化した燃料が爆発、隊長機は空中にバラバラになって飛散したのだ（詳細は本シリーズ第7巻「スピットファイアMkI/IIエース 1939-41」第7章を参照）。

　そのささやかな代償として、生還したこの中隊のパイロットたち（そのなかにはのちに夜間戦闘機のエースとなったラインホルト・エッカルト、グスタフ・ユーレンベック、ヘルムート・ヴォルタースドルフ、そして戦闘機のエクスペルテとなるゴードン・ゴロブとレオ・シュマッハーがいた）は少なくとも敵機9機を撃墜したと報告した。しかし、この時の英空軍側の損失は不時着したハリケーンただ1機であったという事実は特筆されるべきで、北海越えのこの種の攻撃が二度と行なわれなかったことは驚くにあたらないだろう。そして、9月初旬に第76駆逐航空団第I飛行隊はノルウェーを離れて本国に戻り、駆逐機を装備する2番目の夜間戦闘機部隊となった。

　8月16日に失われたBf110は「わずか」8機であった。そのうちの1機は第2駆逐航空団第II飛行隊のハリー・カール少佐の乗機で、海峡上空で被弾し、フランスにたどりつき胴体着陸したものである。前任者が戦死したため、カールは2人目の第2駆逐航空団の中隊長となったが、その5日後には彼も戦死してしまった。

　8月16日はまた、第249飛行隊のJ・B・ニコルソン大尉が、火を噴いているハリケーンを操って、ゴスポート近郊にBf110を撃墜した功により、戦闘機パイロットとしては初めてヴィクトリア十字章［英国将兵にあたえられる最高位の勲章］を受けた日でもあった。残念ながら、戦後の記録調査によっても、この時の駆逐機がどこの所属であったかは判明していない。

　8月17日は、24時間後に第26駆逐航空団が15機のBf110を喪失し、のちにバトル・オブ・ブリテンを通じて「ドイツ軍最悪の日」と呼ばれることになる前の、小休止の日となった。損害リストの最初に記されたのは、第26駆逐航空団第2中隊長ヘルベルト・カミンスキ大尉であるが、彼と後部射手は、ダンケルク近くの海峡に不時着し、ドイツ海軍の掃海艇に拾い上げられて生還した。「最後のプロシア人」という愛称をもつカミンスキは、その間に騎士鉄十字章を受章しているが、1943〜44年の絶望的な日々に第76駆逐航空団第II飛行隊の指揮をとって、破滅に向う帝国の防衛戦を戦うことになる。

「シャークマウス」を率いる4人のエクスペルテ、同時にのちの騎士鉄十字章佩用者でもある。左から右へ、ハンス=ヨアヒム・ヤーブス中尉とヴィルヘルム・ヘルゲット中尉（ともに第76駆逐航空団第6中隊）、エーリヒ・グロート大尉（第76駆逐航空団第II飛行隊長）およびハインツ・ナッケ大尉（第76駆逐航空団第6中隊）。

こうした悲しい損失の目録を通じて、それでも個々のパイロットたちは戦果を延ばしていった。ともに第76駆逐航空団第Ⅲ飛行隊のボート・ゾマー少尉とヴァルター・シェラー曹長の2名は8月18日にそれぞれ5機目の戦果をあげたが、飛行隊の最高戦果を獲得していたバーゲ中尉は合計9機を落してリードを保った。

　隣の第76駆逐航空団第Ⅱ飛行隊で頭角を現してきたのは、ハンス=ヨアヒム・ヤープスで、彼はのちにの夜間戦闘のエース、柏葉騎士鉄十字章の受章者となる。

　8月18日以降、駆逐機の出動は目立って減少した。その戦闘不参加は、またJu87が戦場から姿を消すのと軌を一にしているようであった（詳細は、「Osprey Combat Aircraft 1――Ju87 Stukageschwader 1937-41」を参照）。しかし、シュトゥーカが引き揚げられたのは、単純に1940年夏の英国南部の敵対戦力の環境のなかで、とても生存できなかったからであるが、Bf110の出動の減少はもっと世帯じみた理由からである。補充が損失に追いつかず、定数を遙かに不足してしまったのだ。それにもかかわらず、ゲーリングは作戦続行を主張し、「単発機では不十分な遠距離作戦のために」双発戦闘機が採用されたのだ、と決めつけた。

　その結果、駆逐機部隊はさらに奥深くライオンの穴のなかへ送り込まれることになった。部隊が、これ以上の壊滅的被害を避けながら、いかにこの命令を遂行していったかを、国家元帥閣下は明らかになさろうとはしなかった。元帥閣下の仰せのひとつは、より激しい攻撃精神を鼓舞するつもりだったのだが、例の防御円陣を「攻撃円陣」と呼ぶように、というものであった。しかし、パイロットたちからはまるで、突然何も聞こえなくなったかのような冷たい沈黙で迎えられた。

　問題は攻撃精神の欠如ではなく、機数の不足であったから、続く何日かは駆逐機部隊の損失は最小限に抑えられた。しかし8月25日にはBf110 9機が失われ、そのうち5機はJu88を掩護してドーセット州を飛んだ第2駆逐航空団のものであった。5日後の目標はリュトンにあるヴォックスホールの工場であった。今回は第76駆逐航空団第Ⅱ飛行隊（Ⅱ./ZG76）が出動し、部隊最悪の被害をこうむった。中隊長のひとりが戦死、もうひとりの隊長、ハインツ・ナッケは負傷した。またこの出動で第4中隊のゲオルク・アントニー上級曹長も命を落とした。彼のフランス空軍相手の3機撃墜については前章で詳しく述べてある。

　8月最後の日は駆逐機にとって集団で収めた数少ない成功の日であった。この日、第1教導航空団第Ⅴ（駆逐）飛行隊と第26駆逐航空団第Ⅲ飛行隊は、それぞれデブデンとダックスフォードを空襲するDo17を掩護して出撃。爆撃部隊の喪失が最小限であったのみでなく、英空軍戦闘機13機撃墜の報告はともに記録的なものであった。駆逐機部隊は3機を失い、5機が損傷したのみであった。そのうちの1機は第26駆逐航空団第Ⅲ飛行隊の技術士官の乗機で、フランスのアルクまでたどりついて不時着した。パイロットのゲオルク・クリストル中尉は無傷で、のちにこの飛行隊の指揮を執り、北アフリカで大きな戦果を収めることになる。

　9月に入ると、国家元帥の叱咤激励にもかかわらず、駆逐機部隊の損耗が続いた。そのため活動の規模は情け容赦なく縮小して行った。この月の最初から最後まで厳しい損失は続き、9月4日と27日にはそれぞれ15機を喪失している。そうしたでも何人かは個人戦果を延ばしていった。1940年の戦果を倍

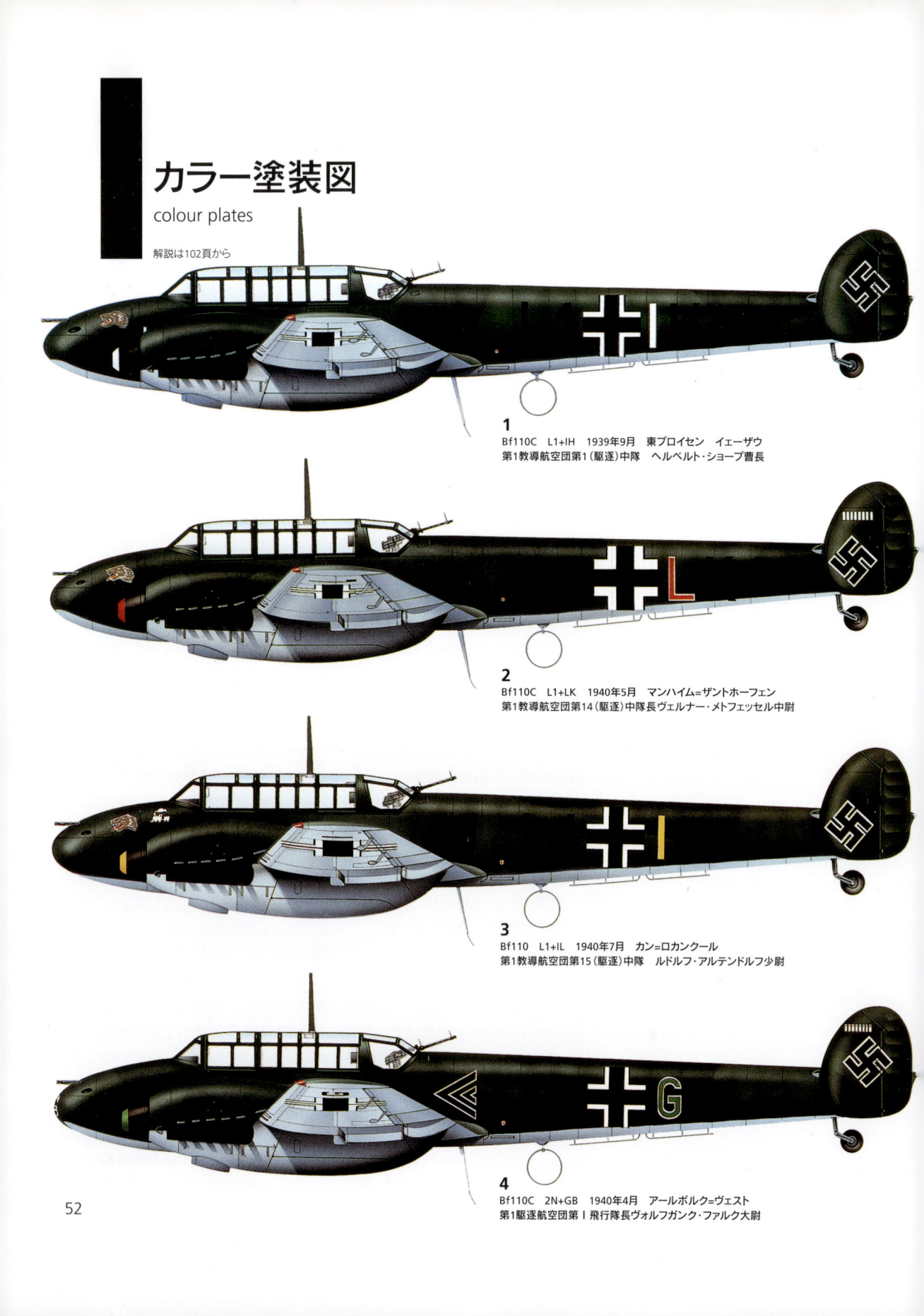

# カラー塗装図
## colour plates
解説は102頁から

**1**
Bf110C　L1+IH　1939年9月　東プロイセン　イェーザウ
第1教導航空団第1 (駆逐) 中隊　ヘルベルト・ショープ曹長

**2**
Bf110C　L1+LK　1940年5月　マンハイム＝ザントホーフェン
第1教導航空団第14 (駆逐) 中隊長ヴェルナー・メトフェッセル中尉

**3**
Bf110　L1+IL　1940年7月　カン＝ロカンクール
第1教導航空団第15 (駆逐) 中隊　ルドルフ・アルテンドルフ少尉

**4**
Bf110C　2N+GB　1940年4月　アールボルク＝ヴェスト
第1駆逐航空団第I飛行隊長ヴォルフガング・ファルク大尉

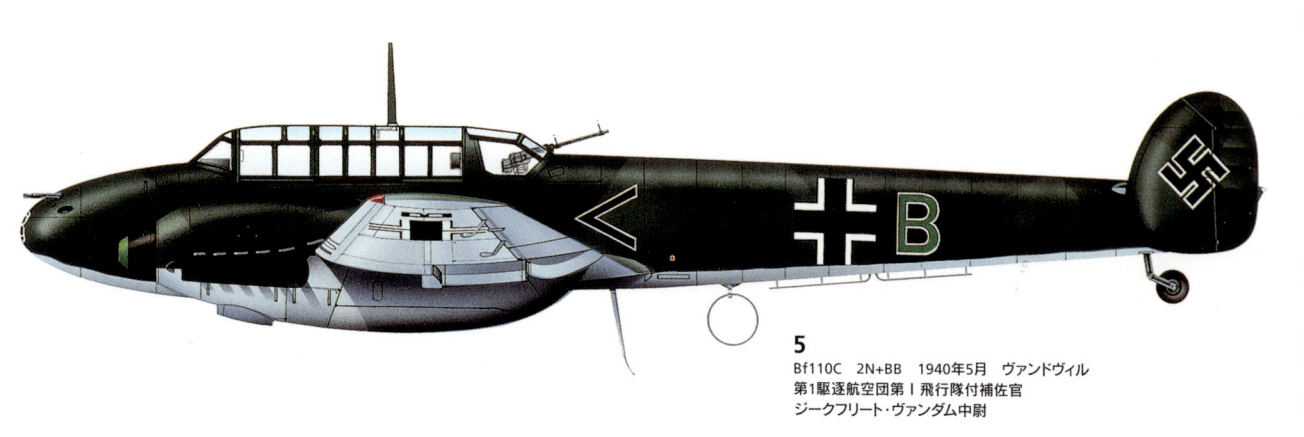

**5**
Bf110C　2N+BB　1940年5月　ヴァンドヴィル
第1駆逐航空団第I飛行隊付補佐官
ジークフリート・ヴァンダム中尉

**6**
Bf110G　S9+IC　1942年6月　ウクライナ　ビェルゴロド=II
第1駆逐航空団第II飛行隊長ギュンター・トネ大尉

**7**
Bf110C　3M+AA　1940年8月　トゥーシュス=ル=ノーブル
第2駆逐航空団司令フリードリヒ・フォールブラハト中佐

**8**
Bf110C　3U+AA　1941年1月　メミンゲン
第26駆逐航空団司令ヨハン・シャルク中佐

53

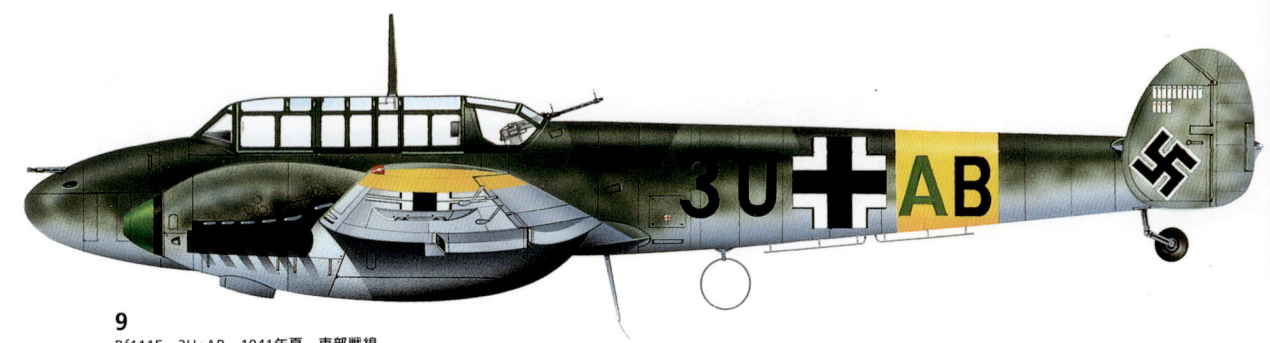

**9**
Bf111E　3U+AB　1941年夏　東部戦線
第26駆逐航空団第Ⅰ飛行隊長ヴィルヘルム・シュピース大尉

**10**
Bf110C　U8+BB　1940年5月　フランス
第26駆逐航空団第Ⅰ飛行隊付補佐官ギュンター・シュペヒト大尉

**11**
Bf110E　3U+BC　1941年6月　スワルキィ
第26駆逐航空団第Ⅱ飛行隊長ラルフ・フォン・レトベルク大尉

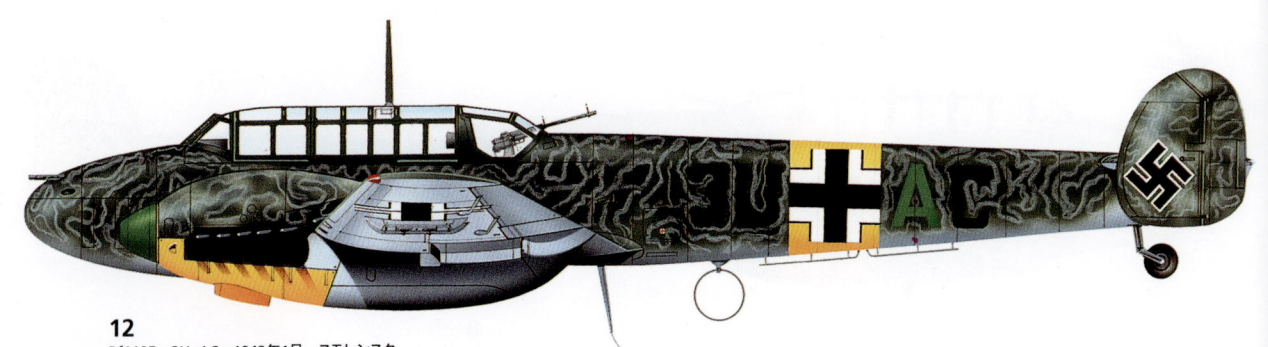

**12**
Bf110E　3U+AC　1942年1月　スモレンスク
第26駆逐航空団第Ⅱ飛行隊長ヴェルナー・ティーアフェルダー大尉

**13**
Bf110C　3U+AN　1942年1月　サン・トロン
第26駆逐航空団第5中隊長テオドール・ロッシヴァール中尉

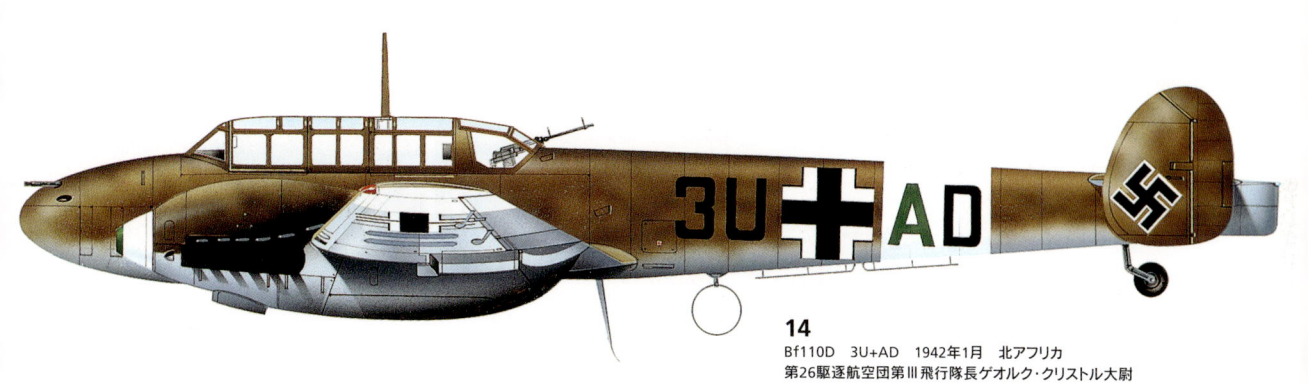

**14**
Bf110D　3U+AD　1942年1月　北アフリカ
第26駆逐航空団第Ⅲ飛行隊長ゲオルク・クリストル大尉

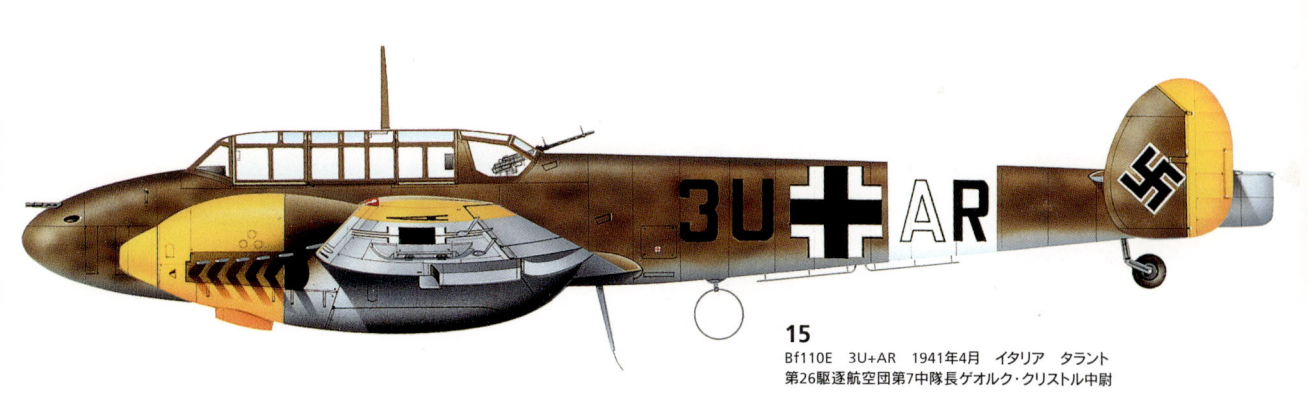

**15**
Bf110E　3U+AR　1941年4月　イタリア　タラント
第26駆逐航空団第7中隊長ゲオルク・クリストル中尉

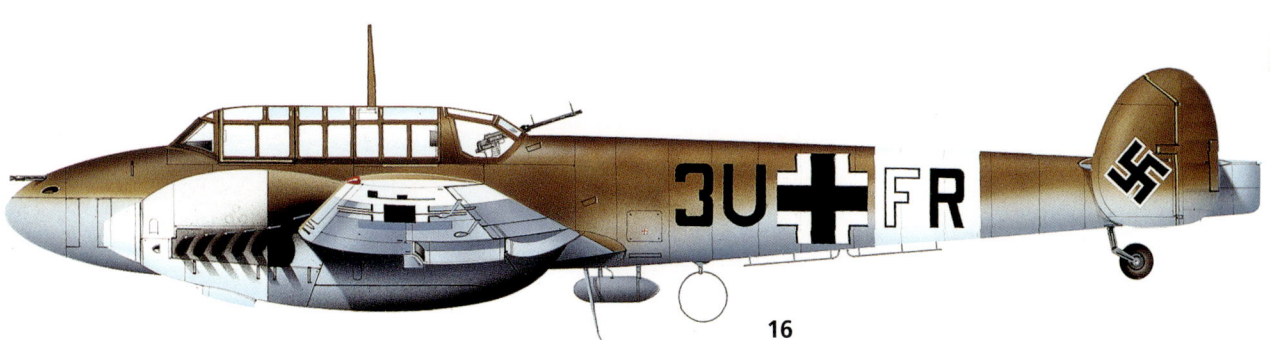

**16**
Bf110E　3U+FR　1942年5月　デルナ
第26駆逐航空団第7中隊長アルフレート・ヴェーマイヤー中尉

**17**
Bf110C　M8+DH　1939年12月　イエーファー
第76駆逐航空団第1中隊　ヘルムート・レント少尉

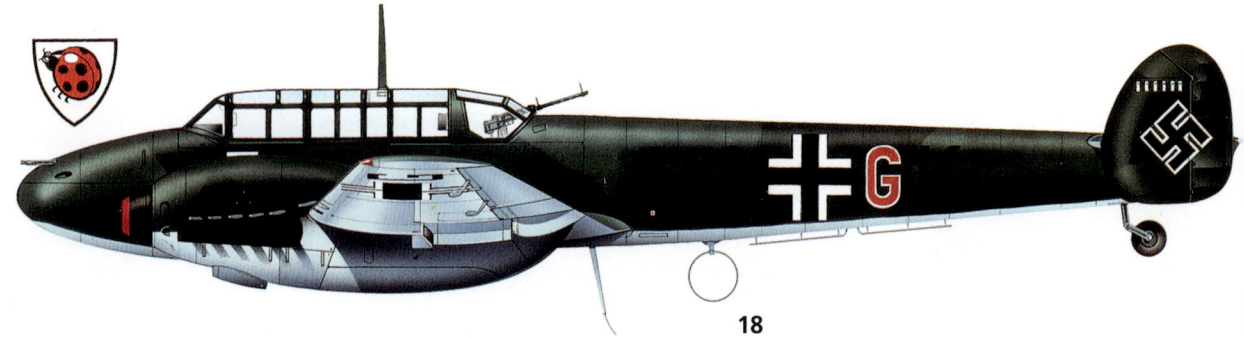

**18**
Bf110C　M8+GK　1939年12月　イエーファー
第76駆逐航空団第2中隊長ヴォルフガング・ファルク大尉

**19**
Bf110C　M8+HK　1940年8月　スタヴァンゲル
第76駆逐航空団第2中隊　レオ・シュマッハー上級曹長

**20**
Bf110D　M8+AL　1940年8月　スタヴァンゲル
第76駆逐航空団第3中隊長ゴードン・マック・ゴロブ中尉

**21**
Bf110C　M8+AC　1940年9月　アベヴィル=イヴランシュ
第76駆逐航空団第Ⅱ飛行隊長エーリッヒ・グロート少佐

**22**
Bf110D　M8+AC　1941年8月　スタヴァンゲル
第76駆逐航空団第Ⅱ飛行隊長エーリッヒ・グロート少佐

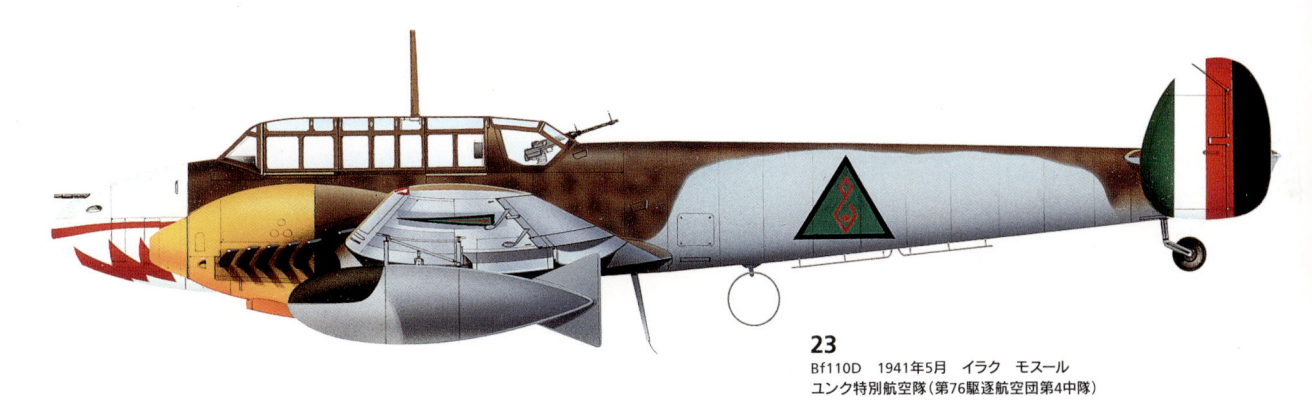

**23**
Bf110D　1941年5月　イラク　モスール
ユンク特別航空隊(第76駆逐航空団第4中隊)

**24**
Bf110G　2M+AM　1944年3月　アンスバッハ
第76駆逐航空団第4中隊長ヘルムート・ハウク中尉

**25**
Bf110C　M8+AP　1941年5月　アルゴス
第76駆逐航空団第6中隊長ハインツ・ナッケ大尉

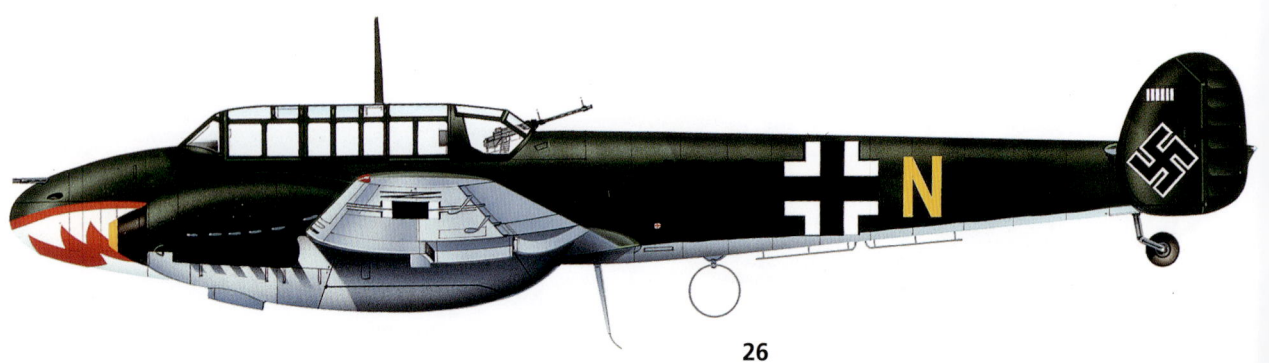

**26**
Bf110C　M8+NP　1940年5月　フランス
第76駆逐航空団第6中隊　ハンス=ヨアヒム・ヤープス中尉

**27**
Bf110C M8+IP 1940～41年冬　ドイツ湾
第76駆逐航空団第6中隊　ハンス=ヨアヒム・ヤープス中尉

**28**
Bf110D　2N+DP　1940～41年冬　スタヴァンゲル
第76駆逐航空団第6中隊　ハンス・ペーターブルス曹長

**29**
Bf110E　LN+FR　1941年9月　フィンランド
ロヴァニエミ　第77戦闘航空団第1(駆逐)中隊長
フェリックス=マリア・ブランディス中尉

**30**
Bf110C　LN+IR　1941年9月　ノルウェー　キルケネス
第77戦闘航空団第1(駆逐)中隊　テオドール・ヴァイセンベルガー曹長

**31**
Bf110E　S9+AH　1941年9月　セチンスカヤ
第210高速爆撃航空団第1中隊長ヴォルフガング・シェンク中尉

# パイロットの軍装
## figure plates

解説は105-106頁

**2**
第76駆逐航空団第6中隊長
ハインツ・ナッケ大尉
1940年〜41年冬　イエーファー

**1**
第1教導航空団第14(駆逐)中隊
ヴェルナー・メトフェッセル中尉
1939年〜40年冬　ヴェルツブルク

**3**
第26駆逐航空団第Ⅲ飛行隊
リヒャルト・ヘラー上級曹長
1941年9月　地中海戦線

**5**
第77戦闘航空団第1(駆逐)中隊長
フェリックス=マリア・ブランディス中尉
1941年〜42年冬 ロヴァニエミ

**4**
第26駆逐航空団第5中隊長
テオドール・ロッシヴァール大尉
1941年秋 東部戦線

**6**
第26駆逐航空団第Ⅱ飛行隊長
エドゥアルト・トラット少佐
1943年秋 ヒルデスハイム

に延ばしていた駆逐機パイロットたちの勝利リストに名を連ねている、バーゲ、ヤープス、ナッケに続いて第76駆逐航空団第6中隊のヴィルヘルム・ヘルゲート中尉が4番目の名前に加わろうとしていた。彼ものちの夜間戦闘で有名になって行く。

　とはいっても、すでにドイツ国民のあいだでも有名になっている、仲間の単座戦闘機乗りとは違って、駆逐機のエースたちは、一般的にはあまり知られておらず、メダル獲得競争では、いつも後塵を拝していた。その多くは──あのファルクですら──第一級鉄十字章を受章しているに過ぎなかった。そしてとうとう、駆逐機乗りたちに最初の騎士鉄十字章が授けられる時がきた。（おそらくは、アメとムチとして）国家元帥は、ついこのあいだ「リーダーシップ無し」と非難を浴びせたばかりの、その部隊指揮官たちへ叙勲することにしたのだ。

　駆逐機部隊への最初の騎士鉄十字章3個は、1940年9月に授与され、元第26駆逐航空団で、最近第2戦闘航空管区司令部勤務に就いたばかりの、先任航空団司令、ヨアヒム=フリードリッヒ・フート、その跡を継いで第26駆逐航空団の指揮をとったヨハン・シャルク、そして第76駆逐航空団のヴァルター・グラープマン（スペインでの6機に加えてこの戦いでの戦果6機が評価されたのであろう）の3人の指揮官が佩用者となった。

　1940年の末までに授与された他の6個の騎士鉄十字章のうちの4個は同じように上級指揮官に授与され、うち3人は、自身エースの実績をもつものであった。比較的下位のものには2個が授与されただけであり、異例なことにふたりとも、同じ第76駆逐航空団第6中隊の所属であった。すなわち、中隊長のハインツ・ナッケ大尉が12機撃墜で、同じく指揮官代理のハンス=ヨアヒム・ヤープス中尉（ナッケ負傷後の後任）が19機撃墜で現時点の最高戦果保持者として受賞した。

　しかしこれは、1年にわたって過酷な戦いを背負ってきた戦力──ポーランドでは期待をはるかに上回り、ドイツ湾とノルウェーでは優越性を示し、フランスでは十分に任務を全うし、そして英国上空では戦って消え行こうとした戦力──に対してはまったく不十分な公式の認知・報酬であったというのが本当のところであろう。

　数字がすべてを物語る訳ではないが、「バトル・オブ・ブリテン」に限っていえば、統計上の数字は、どんな興奮も醒めはてる荒涼としたものであった。ドイツ空軍は実動237機のBf110駆逐機を投入し……その戦闘を通じた全損失は223機を越えていた。

## chapter 3
# 長く続く下り坂
the steady decline

### バルカン方面作戦でのBf110部隊（1941年4月5日）

**■第4航空艦隊本部：ウィーン**

| アラード航空管区司令部（ルーマニア／アラード） | 基地 | 機種 | 保有機数/可動機数 |
|---|---|---|---|
| Ⅰ./ZG26：第26駆逐航空団第Ⅰ飛行隊　ヴィルヘルム・マクロッキ大尉 | チェゲード | Bf110C/E | 33/30 |

**第Ⅷ航空軍団（ブルガリア／ゴルナ・デュンイア）**

| | 基地 | 機種 | 保有機数/可動機数 |
|---|---|---|---|
| Ⅱ./ZG26：第26駆逐航空団第Ⅱ飛行隊　ラルフ=フォン・レットゲルク大尉 | クライニチ | Bf110C/E | 37/25 |

　バトル・オブ・ブリテンの終結はまた、駆逐機戦力の解体をともなった。特に情況が有利でない限り、単座戦闘機の攻撃に対して自らを守れない以上、Bf110には新しい使用法を探すしかなかったのだ。3個飛行隊が、初期の、そしてよりふさわしい任務、沿岸パトロールと船団護衛に戻り、小編隊の敵爆撃機に対する唯一の対抗措置となった。第76駆逐航空団第Ⅲ飛行隊はすでに10月には海峡沿岸から離れてノルウェーのスタヴァンゲル移り、ドイツ湾および地中海方面で、それぞれ以前と同じような海上パトロールや、掩護任務につくよう指示された第76駆逐航空団の第Ⅰ、第Ⅱ飛行隊および第26駆逐航空

新たに地中海方面に到着した第26駆逐航空団第7中隊がシチリアのオリーヴの木陰に翼を休めている。右端の機体「3U+JR」はバトル・オブ・ブリテンで見られた機首の白塗装をそのまま残している。

団の第Ⅲ飛行隊に入れ替わった。
　バトル・オブ・ブリテンはまた、駆逐機に長いこと入れ込んでいたゲーリングの熱中にも終わりを告げさせた。この国家元帥は、彼のいわゆる「鉄騎兵」が無残にも破綻したことにいたく失望しただけでなく、いまやさらに大きな課題をかかえていた。英空軍のドイツ本国に対する夜間空襲が激化の一途をたどっており、これに対するドイツ空軍の迎撃能力不足が明らかにされた。帝国の夜間防空体制強化のために、残っていた5つの駆逐機飛行隊はこの後、夜間戦闘機戦力として導入されることになったのである。
　このようにして、ヒットラーがソヴィエト連邦に対しての来るべき攻撃について決意を固めた1941年初めころには、かつての緊密な編成の駆逐機部隊は、純粋に防衛的な、単独で各地に散らばった部隊となってしまっていた。そこにバルカンでの問題が勃発した。ムッソリーニが時機も考えずにアルバニアを攻め、態度のはっきりしなかったユーゴスラヴィアに攻めこんだため、ヒットラー総統は介入せざるを得なくなってしまった。
　第4航空艦隊は、ユーゴスラヴィアとギリシャに進出した地上部隊を支援する航空攻撃戦力を編成するよう命じられた。まったく突然に長距離戦闘機の必要性が復活したのだ。第26駆逐航空団の第Ⅰ、第Ⅱ飛行隊はすでにに第4夜間戦闘航空団(NJG4)の第Ⅰ、第Ⅱ飛行隊と名称を変えてしまっていたが、東南ヨーロッパへ派遣される前にまた、もとの部隊名称に戻された。第Ⅱ飛行隊の隊史作成者は記している。
　「ブルガリアへの移動はまったく快適だった。部隊はウィーンを経由してハンガリーのデブレチェンや、どう発音するかもわからないようなルーマニアの土地を中継していった。各中継地では地上要員が鉄道で到着合流するまで数日間待機することになっていた。3昼夜をデブレチェンのハンガリー空軍のゲストとして滞在した。テーブルの上は、考えられる限りのこの土地の御馳走で一杯だった。サラミソーセージ、トカイワイン、詰め物をした鴨料理、鷺鳥のロースト、食べ放題の果物。そして、次の行程に向けて離陸する時の我々のコックピットは、ソーセージの詰まった袋で一杯になっていた。——ハンガリーよ永遠なれ！」
　しかし、一方で地上員は何でも自分たちでやらなければならなかった。あるグループはハンガリーとルーマニアの国境で、暖房もない客車のなかで、ルーマニアの機関車がやってくるのを5日間も待っていたが、そのうちに2番目の部隊がすぐ隣の線路

地中海方面戦線の新しい「制服」(後部胴体をとりまく幅広の白い帯は、この時期のイタリア空軍に合わせて採用された)も眩しい「AR」と「HR」機が新しい任地の調査に出発する。

この写真に付されたオリジナルのドイツの説明が正しければ、第26駆逐航空団第Ⅲ飛行隊もまたクレタ島侵攻作戦に参加し、この歴戦のくたびれたBf110は、クレタ島守備隊の地上砲火に撃ち落とされた、ということになる。機首にからみついた明るい色の木の葉に見えるのは、実は第9中隊のマーク、「白い雄鶏」である(68頁の写真を参照)。

右●バルカン方面作戦の終盤の、第76駆逐航空団第4中隊所属機の列線。大変目立つ「シャークマウス」に加えて、これらの機体は機首上面を白に、エンジンナセルを黄色に塗装している。同じく翼下面の900リッター増槽に注目。これは同部隊にとってこのあとすぐ実施されるイラクまでの長距離飛行に絶対必要な装備である。

左●レジスタンスの隠れ家を探して、クレタ島の荒れた山岳地帯をBf110駆逐機が爆音とともに飛び抜けていく。

に入ってきた。新しく到着した部隊は好意的で気前よく、途中で手に入れたワインをふるまってくれたが、つぎの朝は仲間の二日酔いを醒ます面倒を見ているうちに、そのまま置き去りにされた。機関車が1両その夜やっと到着したが、機関士はタバコのカートンでまるめこまれて、別の列車を引っ張って行ってしまった。結局この部隊は道路を使って集結地に向かうしかなかった。ルーマニア当局は別の機関車をまわすことをそっけなく拒絶したばかりか、最初の機関車を売りわたした嘆かわしい奴がいると非難さえした。

4月6日にバルカン方面作戦は、北部で首都ベオグラードへの猛烈な攻撃により開始された。この爆撃機を掩護した第26駆逐航空団第I飛行隊は、外国空軍——今回はユーゴ空軍——が使っているBf109と対決した2番目の駆逐機部隊となった。シュテーグレーダー軍曹は、敵エーミール——を2機撃墜したと報告した。だが、味方のBf110は、何とこの日の戦闘で5機を失ってしまった。

さらに南の方面では、第26駆逐航空団第II飛行隊が、陸路ブルガリアへ進出する第12軍を掩護した。ここではユーゴ空軍のホーカー・フューリーの編隊に遭遇して、その何機かを撃墜はしたが、第II飛行隊の2機が未帰還となる犠牲を出した。

第26駆逐航空団第III飛行隊も開戦当初から参戦した。すでに地中海方面に進出していたこの部隊は、シチリア（シシリー）島から、イタリア半島のかかとの部分に移動を済ませ、ここからアドリア海を横切って南部ユーゴスラヴィアの中央部に攻撃をかけた。

ここでも彼らはユーゴ空軍のBf109 2機の撃墜を報告しているが、そのうちの1機をサラエボ南方で墜としたのは、のちの北アフリカのエースとなったリヒャルト・ヘラー上級曹長、5機目の勝利であった。

多くの点から見て、ユーゴスラヴィアはポーランドの再現であった。開戦早々に空軍力の反撃が抑え込まれたあと、ドイツ空軍は、爆撃と敵地上軍攻撃に専念できた。この状況は英空軍の戦闘機が到着したのち、ドイツ国防軍がギリシャを通って南進していってからも続いていた。多くのイギリスの機体

が、メニディ、エレウシス、そしてアルゴスなどの飛行場でBf110の地上攻撃によって破壊された。しかし、Bf110を巻きこんだ空中戦もまた何回も行なわれた。そのひとつの例は4月20日のもので、これは駆逐機の戦果で、はっきり裏付けのとれたなかでは、もっとも成功したものであった。

ピレウスに向かう爆撃機の大編隊を掩護して出撃した第26駆逐航空団第II飛行隊は、近隣の目につく目標を地上攻撃する機会を得た。

この時近くのエレウシスから英空軍のハリケーンが舞い上がって戦いを挑んできたため勃発した長い乱戦で、第26駆逐航空団第5中隊は2機を失った代わりに、英戦闘機5機を撃墜した。このなかで飛行隊長のテオドール・ロシバール大尉とゾーフス・バーゲ中尉はそれぞれ12機目と14機目の撃墜を果たした。この戦いで、第2次大戦の英空軍の最高戦果、少なくとも総計50機以上撃墜の記録をもつ第33飛行隊の南アフリカ隊指揮官M・T・セント・ジョン・「パット」・パトルのハリケーンに弾丸を撃ちこんで、その戦歴に終わりを告げさせたのは正確には誰なのかはわかっていない。また、6.5機撃墜の戦果をあげていた第80飛行隊のW・J・「ティンバー」・ウッズ大尉もまた、この交戦で戦死した。

4月末までにアテネもドイツ軍の手に落ち、作戦の次の段階——クレタ島侵攻——の準備が始まった。第26駆逐航空団第Iおよび第II飛行隊はアルゴスに宿舎を置き、ここでドイツ湾から移動してきた「シャークマウス」と合流した。ここでの駆逐機の任務は、ふたたび低空攻撃による、クレタ島守備隊への攻撃と、周辺海域のイギリス海軍艦艇との交戦となった。この種の作戦は危険で犠牲も大きかった。クレタ島が最終的に確保されるまでに、ブレン機関銃からボフォース砲にいたるあらゆる対空火器の犠牲になったBf110は1ダース以上に昇ったのである。このうちの2機は特に痛い損失だった。

5月14日、猛進タイプのゾーフス・バーゲは、ヘラクリオン飛行場を攻撃中に島の北海岸近くの海中に撃墜された。

グラジエーターのパイロットと飛行場防衛の対空砲火の両者が彼の撃墜を主張した。その1カ月後、バーゲは騎士鉄十字章を追贈された。その6月14

明らかに、うれしそうとはいえぬ顔をした英空軍のパイロットが「ザ・ベル・オブ・ベルリン」（製造番号4035）の、おそらく、エジプトのヘリオポリスにおけるテスト飛行の準備にかかろうとしている。機首のシャークマウスは削り取られている（第112飛行隊が、この機体を米国製トマホークの代わりとするために、ファイド近くのどこからか盗んできた、という噂は単なる中傷である）。この機体は、イラクのモスルの近くに胴体着陸していたのを捕獲したもので、修理して飛行可能となったのち、ブレニム装備の、当時ハバニアフに駐屯していた第11飛行隊のアル・ボッキング少佐が最初にテスト飛行を行なった。その後、この機体はエジプトへフェリーされ、ヘリオポリス所在の第267飛行隊（連絡飛行担当部隊）に非公式に所属することとなり、この部隊のコード、KWをつけられた。数カ月は順調に飛んでいたが、1942年3月にはボーファイターIFを運用していた第89飛行隊に移籍したとされている。最後は南アフリカへ空輸の途中、スーダンのアトバラで胴体着陸して失われた。

日、同じ航空団の他のふたり、第26駆逐航空団第II飛行隊長ラルフ・フォン・レットベルク大尉、同じく第I飛行隊の新しい隊長、ヴィルヘルム・シュピースも受章した。

その間に、駆逐機部隊の最初の騎士鉄十字章佩用者が戦死した。5月21日にスーダ湾で小型の沿岸警備艇が執拗な攻撃を受け、弾薬庫が爆発した。攻撃中だった第26駆逐航空団第I飛行隊のBf110がその飛び散る破片のなかへ飛び込んでしまい、船のマストを切断して海中へ突入した。

パイロットの第I飛行隊長ヴィルヘルム・マクロッキ大尉と後部射手は死亡した。48時間後、同じ海域で、第26駆逐航空団第I飛行隊のヨハネス・キール少尉は何隻もの高速魚雷艇を撃沈または破壊したと報告した。その24時間後、島の南で、沿岸警備隊のランチのルイス機関銃手が第76駆逐航空団第II飛行隊のBf110を撃墜し、埋め合わせをつけた。

機体の損失は、連合軍が島から撤退する以前に個々に補充されたが、先の3個飛行隊の駆逐機部隊は作戦終了後、北部ヨーロッパへ戻っていった。第76駆逐航空団第II飛行隊はドイツ湾にふたたび目を光らせることになったが、この年が終わる前に、種々雑多な部隊からなる夜間戦闘部隊に併合されていった。第26駆逐航空団第I、第II飛行隊もともに夜間戦闘機集団のなかへ戻ったが、(一時的にそこから脱け出してバルカン作戦に参戦していたので)、その任務は1年と続かなかった。まずは、唯一の駆逐機戦力として、最大の侵

第26駆逐航空団第III飛行隊のBf110の2機編隊が護衛するのは、支援物資を積み、ゆるやかな編隊で飛びながら地中海を横断しようとしている、20機以上におよぶ鈍足のJu52。

絵画のようなアフリカのオアシスで、この第26駆逐航空団第8中隊の機体のように牧歌的な休息をとる機会は、わずかしかなかった。コクピットとタイヤを、太陽の燃えるような熱から守るためのカバーがかけられている。

第26駆逐航空団第9中隊の「LT」と「HT」の2機が、日常の任務である地中海上空の哨戒を行う。両機とも第9中隊の雄鶏のマークをつけ、手前の機体はさらに、第Ⅲ飛行隊の、「ダイヤモンドにテントウムシ」のマークを描いている。また、この機体のエンジンナセルの上の白い「N」は、DB601Nエンジン装備を示している。

攻作戦――対ソ連戦――に当たることになるのである。

　第76駆逐航空団第Ⅱ飛行隊の全「シャークマウス」部隊がドイツ本国へ引き揚げたわけではなかった。1941年4月初め、イラクで軍事クーデターが起き、この国に親ドイツ政権が誕生した。この地域での権益保護を憂慮した英国は、クーデター発生の2週間後、ペルシャ湾岸のバスラに8000人の部隊を上陸させた。報復として、イラクはバグダッド西方の英軍飛行場ハバニヤフを包囲し、ヒットラーに支援を要請した。中東の政情不安を利用することに熱心なヨアヒム・フォン・リッベントロップ外相は、ただちに、戦闘機の1個航空団と、同じく1個航空団の爆撃機部隊を派遣するように動いた。しかし、対ソ連戦闘開始を数週間後に控えたいま、このような大きな戦力を割く余裕はドイツ空軍にはなかった。その代わりとして、ヴェルナー・ユンク大佐が、占領地フランスにあった第3戦闘航空管区司令部からベルリンに呼び出された。到着すると、ユンクは「総統が英雄的なふるまいを見せるよう望んでおられる」と告げられた。

　こうして、「ゾンダーコマンド・ユンク(ユンク特別部隊)」が創設され、He111爆撃機の1個中隊(4./KG4)と、駆逐機の1個中隊(4./ZG76)が、4発のJu90 3機を含む1ダースばかりの輸送機とともに参戦した。1941年5月の第2週に、ゾンダーコマンドの航空機が続々とイラクに到着し始めた。ホーバイン中尉に率いられた12機のBf110からなる第76駆逐航空団第4中隊は、各機に3人ずつ乗り、あらゆる隙間に装備品を詰めこんで、クレタ島をあとにしてにして東へ向かい、ロードス島を経由してフランスのヴィシー政権下にあるシリアを通り、イラクの首都から350km北方の主要油田地帯の中心部の町、モスルへと向かった。

　この「作戦」は10日で終わりを告げてしまった。期間中、中隊はハバニヤフ上空で少なくとも英空軍のグラジエーター2機を撃墜したとされている。うち1機は、のちの夜間戦闘機のエクスペルテ、マルティン・ドレーヴェス少尉によるものであった。しかし今回もまた、Bf110の主な任務は地上攻撃であって、そのなかには英空軍の飛行場や、英軍地上部隊の火砲陣地や船舶等の目標が含まれていた。

　駆逐機部隊の損失もそれに見合ったものになっていった。モスルに対するイギリス空軍の報復攻撃によってひどく損傷した2機を、部品取りにまわしたものの、とうとう5月26日にはBf110の可動機が1機も無くなってしまっていた。残った乗組員はユンカース輸送機に乗せられて撤退していった。

理想的とはとてもいえない環境で、整備員たちは、基地で手に入る間に合わせのものを使って、日常の作業を行なっていた。たとえば、このふたりが臨時の作業台にしているのは、水が入っていたイタリア軍のドラム缶である。この第9中隊の「B＝ベルタ、T＝テオドール」機は、エンジンナセルとスピナーを黄色または白に塗り、部隊のエンブレムはふたつの縦のシェヴロン（くさび形）に重ねて描かれている。このシェヴロンは第26駆逐航空団第Ⅲ飛行隊の3個中隊で、ほかには見られず、その意味については定説がない。

　イラクでのBf110の短い経歴には、興味深い「おまけ」がつく。5月25日にハバニヤフ攻撃に向かった、最後に残っていた2機のBf110は、両方とも基地に戻ってこなかった。目標近くに、見事な胴体着陸を敢行した1機はイギリス側が修復をすることになった。支柱と滑車を使って主脚を出し、尾輪はトラックの荷台に縛りつけられて、このBf110はハバニヤフへ、照りつける砂漠の太陽でタイヤが過熱しないように、何回も停って水をかけながら、ゆっくりと運ばれていった。このBf110はモスルで見つけ出した残骸の部品を使って修復され、まずハバニヤフにおいて、のちにはエジプトのカイロ近郊ヘリオポリスでテスト飛行が行えるまでになった。製造番号4035という以外には個別の機体呼称をもたなかったこの機体は「ザ・ベル・オブ・ベルリン（ベルリンの美女）」というニックネームが与えられ、英空軍のシリーズナンバーHK846が割り当てられた。

　ヘリオポリスですべての調査を終えたのち、パイロットたちに敵機による操縦に慣熟させるために南アフリカに飛ぶことになった。しかし「ベル」は、それを実行することはできなかった。その途中、南部スーダンで2度目の胴体着陸事故を起こしたのだ。もう彼女にはキツ過ぎたのである。

## 地中海方面および北アフリカ
### Mediterranean and North Africa

　第26駆逐航空団第Ⅲ飛行隊（Ⅲ./ZG26）は地中海方面に派遣された最初の駆逐機部隊であった。それは第76駆逐航空団第4中隊のイラクでの10日間の武力干渉と対照をなすかのように、ここへ1年半以上駐留することになった。そして、この方面における作戦で、ドイツ機としてはもっとも長距離の作戦が可能であることを示すことになった。

　第26駆逐航空団第Ⅲ飛行隊はドーバー海峡地域から引き揚げたのち、装備の再編のため、ノイビベルクに戻った。そこから、1940年12月の末、イタリアのトレヴィーソを経由

北アフリカの典型的な海岸線を飛ぶ、第26駆逐航空団第8と第9中隊の混合3機編隊［写真の画面外にもう1機いるのか？］の所属機。

して、いくつもの飛行を重ねて南へ飛び、シチリア島へ到着した。カール・カシュカ少佐に率いられたこの飛行隊の使命は多種多様なものであった。そのなかでも第一の任務は、南ヨーロッパと北アフリカを結ぶ海上と空の輸送ルートの安全を確保することであった。しかし、それだけでなく、敵船舶への攻撃と、偵察飛行、索敵哨戒も行なわなくてはならず、砂漠での枢軸国地上部隊の掩護もこなさねばならなかった。また、先に述べたように、ユーゴスラヴィア侵攻にも参戦し、マルタ島への任務にも出動しなければならなかった。

　これらのすべてを果たすために、飛行隊を構成している3つの中隊は、たがいに何百kmも離れている基地に、別々に展開した。ある中隊はシシリー島に基地を置き、西はマルタ島までを範囲に入れたイタリアからの補給ルートを守り、別の中隊はクレタ島に陣取り、ギリシャを出発した船団やマルタ島の脇を抜けて東へ向かう船団をカバーした。また第3の中隊は北アフリカそのものへ進出した。

　しかし、一進一退のシーソーゲームの様な砂漠の戦いで、北アフリカの支援物資陸揚げの港も取ったり、取られたり、また取り返したりの繰り返しであり、地上戦闘もつねに一進一退の状態であった。地上部隊にとってはより緊密な空からの支援が必要であった。そして、最初の数カ月間は船団護衛任務でもほとんど事件が起きなかった期間であり（戦場へ派遣された特派員やカメラマンは、のんびりと物見遊山を楽しみながらも、迫力ある空中戦の報道はできるのかと、心配していた）、地上軍は、各種任務のために最前線に進出していた駆逐機部隊に深い信頼を寄せていた。

　第26駆逐航空団第III飛行隊のBf110と英空軍機との最初の遭遇戦は1941年2月19日に発生し、この飛行隊ののちの騎士鉄十字章佩用者2名が、それぞれ1機撃墜の戦果をあげた。アルフレート・ヴェーマイアー少尉がトブルクを爆撃するJu87を掩護中、英アフリカ派遣空軍の第3飛行隊のハリケーンと会敵し、オーストラリア人パイロットのひとりを撃墜した。しかし自身も別のハリケーンよって海中に落とされ、24時間後に救助された。このハリケーンは、リヒャルト・ヘラー上級曹長に撃墜された。トブルクは、第26駆逐航空団第III飛行隊――より正確には第26駆逐航空団第8中隊（8./ZG26）、この時期の大

Bf110の変わった使い道、第26駆逐航空団第7中隊の「3U＋NR」が（うしろに見えるユンカースで着いたばかりの？）アフリカ軍団の兵士たちに、格好の日蔭を作っている。翼下面の爆弾架にはなにも下げていないが、300リッターの増槽から燃料が漏れ出さないことを祈るばかりだ。

下●遺棄されていた駆逐機の尾翼の新しい使い道を発見した連合軍の（キティホーク）戦闘機パイロットたちが、真昼の太陽をものともせずビールで一杯やっている。だれの評判を聞いても、――第26駆逐航空団第III飛行隊の御好意による――この「汝の古きMe110旅籠」は、砂漠で大人気の給水所だった。

第26駆逐航空団第8中隊の分散展開にともなう新しい仕事が、梱包された交換部品や転換用の機体の到着によって発生した。部品の方はすでに開梱されていて（手前の梱包材は砂漠の夜の寒さをしのぐために手ごろな薪となる）、機体には、新たに部隊コードレターが記入されて翼を休めている。左端にのぞいているイタリアのCR.42はまだ交換する主翼を待っている。

部分をアフリカに「住んでいた」中隊——にとって、1941年の残りの月日の大半を通じて、目の上のタンコブであった。

7月15日、リヒャルト・ヘラーは、ただ1機で、トブルク近郊海域の船団を攻撃するJu87編隊のパスファインダー（先導機）として飛行中に、1ダース以上のハリケーンの攻撃を受けた。先頭の位置から、ヘラーは大きく廻りこんで、英戦闘機群の後尾へ着き、何分かのあいだに敵の3機をたたき落として、残りをバラバラに追い散らしてしまった。シュトゥーカ編隊は1機の喪失もなく帰還したと伝えられている。この活躍によって、ヘラー上級曹長は騎士鉄十字章を受与され、彼の第26駆逐航空団第III飛行隊が地中海方面で作戦中に叙勲された5人のパイロットの、最初のひとりとなった。

1941年11月半ば、第26駆逐航空団第III飛行隊が支援していた枢軸側（砂漠での駆逐機の出撃の20%は地上攻撃であった）の攻勢は停止された。確実に起こるであろう連合軍の反撃に備えて、飛行隊の全勢力は北アフリカに集中されることになり、第9中隊がシチリア島から引き抜かれ、クレタ島からもまた第26駆逐航空団第8中隊が移動してデルナに集結した。クルセーダー作戦（イギリス軍はキレナイカを再奪取することを厳命されていた）は11月18日に開始された。

［クルセーダー作戦。イギリス第8軍がトブルクを陸上から開放することを目的に開始された作戦。当初はイギリス側機械化旅団の連携が悪く、戦局はロンメルの有利に展開した。しかし、英連邦軍はしだいに力を盛り返し、包囲を破って12月10日にトブルクへ入る。これを阻止できなかったロンメルは、エル・アゲイラまで後退した。これは砂漠の戦いにおけるそれまでの連合軍の攻勢では最大規模であった］

この「3U＋FU」は、ドイツ空軍がカステル・ベニートから撤退した時に遺棄され、連合軍に発見された第26駆逐航空団第10中隊所属のDo17で、比較的よい状態に見える。知られている限りでは、この中隊は独自の部隊マークをもたなかった。本機は母体となった航空団「ホルスト・ヴェッセル」の盾形のエンブレムに「F＝フリードリッヒ、U＝ウルリヒ」のコードがつけ加えられている。

Bf110戦力は初戦の段階で手痛い損失を被った。多くの機体を喪失し、他は損傷を受けた。リヒャルト・ヘラーは11月24日に12機のトマホークとの戦闘で重傷を負い、胴体着陸を余儀なくされた。損害は12月に入っても続き、飛行隊長のふたりまでもが戦死した。カール・カシュカ少

佐は12月4日にカプッゾ砦近くでハリケーンによって撃墜され、後任のトーマス・シュタインベルガー大尉は20日のあいだ健在であったが、クリスマスイブにアテネからクレタ島へのフェリー飛行中に（おそらくは僚機との衝突で）死亡した。3週間後、第Ⅲ飛行隊の3番目の隊長となったのは、飛行隊の技術士官であり、その後第26駆逐航空団第7中隊(7./ZG26)の中隊長となっていたゲオルク・クリストル大尉であった。彼は駆逐機部隊が地中海海域から引き揚げるまでの最後の隊長となった。

　クルセーダー作戦発動後2カ月が経過し、連合軍の進撃はその勢いをなくしてきた。砂漠の戦いの振り子はまた東へ振れ出し、アフリカ軍団は限定的ながら反撃に転じた。第26駆逐航空団第Ⅲ飛行隊のそれまでの損失のため、第8中隊がドイツに戻り、本格的な再編成を行なうことになった。第9中隊もクレタ島に戻ったため、わずかに残った第7中隊の半ダースばかりの機数で、ロンメル最後の攻勢を支えることになった。この限りある戦力で彼らは全力をつくし、主として爆撃を行なったが、その過程でみるみる消耗していった。

　1942年5月初め、第26駆逐航空団第7中隊はデルナに戻った。ここで第Ⅲ飛行隊は再結集し、(カステル・ベニートとクレタ島から第8、9中隊が合流して)第1教導航空団第12中隊(12./LG1)のJu88とともに、ヴァルター・ジーゲル少佐率いる第3急降下爆撃航空団と合同で、「ゲフェヒトフェアバント・ジーゲル(ジーゲル戦闘団)」を編成した。この単独で編成された戦闘集団の任務は、いまや限定攻撃とはいいながら、全面的攻勢に転じて、リビアを通過してエジプトに迫ろうとしているロンメルの地上軍を支援することであった。

　続く10週間に、第26駆逐航空団第Ⅲ飛行隊は地上戦闘のあとをついて、デルナからエルアラメインへとひとつひとつ基地を移しながら、ゆっくりと東へ進んでいった。この期間のすべてを通して出撃任務の内容は以前とまったく同じもので、爆撃機の掩護と地上攻撃が毎日のノルマであった。しかしひとりのパイロットが新しい戦闘法を考え出した。5月の末近いころ、第26駆逐航空団第7中隊の指揮官である、アルフレート・ヴェーマイアー中尉が夜間戦闘を試してみることにしたのだ。ヴェーマイアーは3機の夜間撃墜を記録した。5月22から23日にかけての夜に、ウェリントン

アフリカでの戦いの終わるギリギリまで、駆逐機搭乗員たちの最優先の任務は、鈍足のJu52を誘導し安全を護ることであった。それが陸地の上空であろうと……

……洋上であろうと。

1943年10月、第26駆逐航空団第10中隊が本国へ戻り、新しく第76駆逐航空団第7中隊と改編された時、彼らの受け持ちだった東地中海方面はJu88装備の第26駆逐航空団第11中隊にとって変えられた。写真は、1943年11月、レロスのドデカニス諸島に降下するドイツ軍降下猟兵部隊を護衛するために、「3U+KV」が中隊を率いて出撃しようとしているところ。これらの機体にはとても小さくではあるが、所属航空団「ホルスト・ヴェッセル」の紋章をつけ、さらにドイツ空軍パラシュート降下部隊の、ダイブする白い鷲のシルエットを描いている。

を1機、ちょうど1週間後にデルナ近郊でボストンを、そして2機目のウェリントンを5月31日から6月1日にかけての夜にマルトゥーバ飛行場の近くで墜とした。

　しかしこの一連の成功は6月1日、第3の戦果のわずか数時間後、ヴェーマイアーのBf110が、出撃から未帰還となった3機のなかに含まれて、突然の終末を告げた。トブルク西方で地上攻撃中に、対空砲の直撃を受けたのであった。ヴェーマイアー中尉は1942年9月4日、騎士鉄十字章を追贈された。

　8月の第1週には、英陸軍はエルアラメインに追いつめられていて、第26駆逐航空団第Ⅲ飛行隊はジーゲル戦闘団から離れて行動することになった。1個中隊をデルナに残して（バルチェに最近展開していた第26駆逐航空団第10中隊のDo17を掩護するため）、飛行隊の大部分は、船団護衛任務に就くためクレタ島に移動したが、このころ、地中海方面には対艦船攻撃の新しい敵対勢力が出現していた。米陸軍航空隊の重爆撃機である。

　もっとも初期の、駆逐機とこの4発爆撃機の衝突は、1942年8月21日、第26駆逐航空団第Ⅲ飛行隊のBf110 2機と、クレタ島南西海域での枢軸側船団を攻撃すべく、パレスチナの基地を進発した9機のB-24のあいだで発生した。Bf110側は爆撃機2機撃墜を報告、うち1機は海面へ激突したのを視認されている。この種の遭遇戦はこの先何週間も継続した。

　そしてこの新しい相手との戦闘で、士官以外の下士官の名前が新たに何人か注目され始めた。特にヘルムート・ハウク上級曹長と、ギュンター・ヴェークマン曹長のふたりは「フィーアモト・エクスペルテン」――「4発機撃墜王」として知られるようになる。ふたりはともに大戦を生き抜き、その最終戦果には、それぞれ6機の重爆撃機撃墜が記録されている。

　9月3日、デルナを爆撃する作戦を往復とも掩護してクレタ島に戻る途中、ヴェークマンはまた9機のB-24が支援物資を運んでいる船団を攻撃中なのに行き合わせた。この時の戦闘では1機に損傷を与えただけであったが、彼自身も機体に被弾して、何とかクレタ島まで戻り、見事に胴体着陸を成功させた。その4日後に、島の南方に飛来した2機のB-24の情報を得た彼は、新たな乗機で緊急発進して、これを追跡した。そして、この1機を撃墜、1機に大きな損傷を与えたが、彼の乗機もまたもや防御砲火を喰らってしまった。彼の飛行隊長が、ヴェークマンの戦果と、めでたく帰還できたことに、心からのお祝い

第1駆逐航空団第Ⅱ飛行隊のBf110。新たにロシア戦線から引き揚げられ、地中海で包囲されていた第26駆逐航空団第Ⅲ飛行隊を11時間にわたって支援した。さらに、この第5中隊の機のように、チュニジアを往復するJU52を護衛したり、南部・中部イタリアでの対爆撃機任務についたりしたが、いずれも成果は少なかった。

第Ⅱ飛行隊の少ない成果よりも、第1駆逐航空団第Ⅲ飛行隊のMe210へのささやかな浮気こそが大惨事として記録されるべきものだった。Bf110を機材更新してあてがわれたMe210は、総体的にとても受け入れ難いものであった。エルアラメインではBf109戦闘爆撃機を使用していた第Ⅲ飛行隊は、その直後、シチリア島でMe210を受領した。写真は、部隊がシチリア海峡部を越えてチュニジアへの出撃に備えているところ。

チュニジア沿岸の平野部を基地へ向って低空で飛ぶ第1駆逐航空団第Ⅲ飛行隊本部小隊のMe210「2N+CD」。1943年初めの撮影。右エンジンナセル上の木靴のマークに注目。これはそれまで、1940年、フランスに展開中の第26駆逐航空団第Ⅱ飛行隊のフォン・レットベルク大尉のBf110で見られたのが最後だったものである。

を述べなかったとしても、これはいたしかたないことだった。ヴェークマンが借りて乗っていたのは「隊長機」であり、機体には何と50発以上の破孔が開いていたのである。

　この月の終わりに向かっては、今度はヘルムート・ハウクの出番であった。9月29日、単機で地中海東部をパトロール中に、B-24の11機編隊を発見、攻撃を加えて、その2機を撃墜したのである。ハウクは第26駆逐航空団第Ⅲ飛行隊の5番目にして最後の、地中海方面作戦での騎士鉄十字章受章者で、1942年12月21日に同時に受賞した他の2名は、飛行隊長のゲオルク・クリストル大尉とフリッツ・シュルツ＝デッコウ中尉（第26駆逐航空団第8中隊長）で、北アフ

リカ砂漠での卓越したリーダーシップに対して授けられたものであった。

ハウクがB-24 2機を墜としていたころ、砂漠の戦いは最終段階を迎えていた。モントゴメリー将軍はエルアラメインの戦いに勝利を収め、アフリカ軍団はチュニジアへ向けて長途の撤退に入った。第26駆逐航空団第Ⅲ飛行隊はこの撤退作戦を支援し、かつ地中海横断の供給ルートを維持するために最大限の努力を払った。しかし敵空軍力が次第に優勢になるにつれて、戦果より損失が増してくる局面に入って来た。そして連合軍がアフリカ北西海岸に上陸するにおよんで、飛行隊の大部分はシチリア島のトラパーニへと退いた。ここをベースに彼らは、Ju52輸送機がチュニジアへ軍需物資を運び、傷病兵をヨーロッパへ送る編隊の護衛任務を続けていた。

一方、ごく少数のBf110がアフリカに留まっていた。ビゼルタ、スース、そしてチュニス自体に基地を置き、時々は戦果をあげていたが、特筆すべきは数機の双発のP-38に対してのものであった。1943年2月6日、第Ⅲ飛行隊として延べ1万機目の出撃を記録したが、1943年5月、最後のドイツ軍がチュニジアから撤退するに先立つ6ヶ月間に、第26駆逐航空団第Ⅲ飛行隊は20機を上回る敵機撃墜を果たしたものと考えられている。チュニジアの喪失により、第Ⅲ飛行隊はシチリア島から撤退して、イタリア本土へと戻った。そしてローマ近郊に展開して、今度は中部および北部イタリアを、連合軍の重爆から守る任務につくことになった。彼らはトラパーニに駐留していた時に、パレルモの港を爆撃に来るB-17の何機かを撃墜して、この種の敵撃墜についての経験をもっていたのだ。

しかし、この特別爆撃機攻撃隊の最初の一連の任務は長続きしなかった。1943年7月10日の英米連合軍のシチリア島上陸作戦が、すみやかに直接支援任務へと戻される先触れとなった。上陸した連合軍が島を横断して、メッシーナ海峡に向けて進軍するのに対して、第26駆逐航空団第Ⅲ飛行隊は戦闘爆撃機として、または地上攻撃任務について2週間を戦った。部隊はシチリア島陥落を見届けることなく、7月末までにドイツ本国へ呼び戻され、これで30カ月以上にわたった地中海での戦いは終わった。

第Ⅲ飛行隊は姿を消した。しかし、これが幕引きではなかった。半ば独立した第26駆逐航空団第10中隊(10./ZG26)が1942年4月にDo17で再編成されており、その後Ju88に機種改変されたこの部隊が秋が来るまで東南ヨーロッパに残って、ドイツ軍が1943年9月にドデカニス諸島に侵攻する際の地上支援を行なったのである。

バルバロッサ作戦の開始に当たって、出撃へのブリーフィングを行なっている第26駆逐航空団の第2中隊長、ハイゼル中尉(中央左側で座る無帽の人物)。

「3U+KK」に搭乗するハイゼル中尉が彼の中隊を率いてポーランド北東部のウィルノ上空を低高度で飛ぶ。この地域は1939年9月からソ連の占領地域であった。残念ながら、オリジナルのプリントからも、ハイゼル乗機のカギ十字上方に見える白いものが、撃墜マークなのか、製造番号なのかはわからない。

第26駆逐航空団第Ⅲ飛行隊の地中海における長い独自の存在のなかで、また、価値ある作戦行動の時期について、おそらくあまり注目されたことがないひとつの事実がある。つまり、他の部隊が共通して受け止めた宿命——地上攻撃部隊か夜間戦闘部隊のどちらかに併合されて行った運命——から、この部隊だけが生き延びた、ということである。事実、第26駆逐航空団第Ⅲ飛行隊は、駆逐機部隊の目まぐるしく移り変わる全歴史を通じて、「駆逐機部隊」の名称を持ち続けた唯一の飛行隊となったのであった。このことはまた、戦前に作られた駆逐機戦力の原型（その最後の2個飛行隊が1942年4月に、夜間戦闘機部隊となって、死に絶えてしまったが）の最終的な消滅と、大戦中期に「新しく」駆逐航空団が再結成されたのとのあいだに横たわるギャップを埋める架け橋となった、唯一の飛行隊であったということである。

　この初期の駆逐機が長距離の制空任務を目指したもの（この面ではまったく失敗であったが）であったのに対して、地上攻撃能力を活用されることが次第に増してきたことから、「第2世代」の駆逐機部隊——その最初のものは第1駆逐航空団と第2駆逐航空団である——が、1942年の東部戦線の夏季攻勢の準備体制の一環として活動を開始したのは、戦闘爆撃機部隊としてであった。また、のちにロシア戦線から引き揚げられて、地中海方面へ派遣され、アフリカ戦線の終末期にシチリア島およびイタリア本土の防衛任務についたのは、新たに結成された2個飛行隊——第1駆逐航空団の第Ⅰおよび第Ⅲ飛行隊であった。

　しかし、それまで圧倒的に優勢に進められていた地上攻撃も、英・米両国の対抗航空力が強まるにつけ、空中での戦果をあげることが難しくなってきた。それは新たなエクスペルテの出現をほとんど不可能にして行った。

## ■東部戦線
### The Eastern Front

　バルカン方面およびクレタ島作戦での役目を終えた、第26駆逐航空団の第Ⅰ、第Ⅱ飛行隊は一時、本国に戻り、続くソ連への侵攻作戦に備えて、ポーランド占領地域のスワルキへと進出した。来るべき侵攻開始に備えて、ドイツ空軍は2500機を超える第一線機を集結させていたが、このバルバロッサ作戦の発動に際しては、シャルク中佐の可動機数51機のBf110が唯一の駆逐機部隊であった。

　このドイツの大空中艦隊のわずか2％という数字ほど、一時は無敵と見られていたゲーリングの「鉄騎兵」の衰退を示すものはないだろう。

　これ以前のどの作戦よりも大規模ではあったが、バルバロッサは典型的な「電撃戦（ブリッツクリーク）」の手法で開始され、ドイツ空軍は、ソヴィエトの飛行場、不時着用地を

第26駆逐航空団第5中隊長、テオドール・ロシヴァール大尉が、第1航空艦隊司令官、アルベルト・ケラー上級大将から騎士鉄十字章を授与される。1941年8月6日の撮影。

ドイツ空軍戦力の一部は1941～42年の冬のあいだ、レニングラード攻撃に従事していた。この真っ白に塗られた第26駆逐航空団のBf110は、この地域としては正規に建設された飛行場——おそらくシヴェルスカヤであろう——にいられる恩恵を受けているだけ、まだほかの部隊よりはましである。

### 東部戦線におけるBf110駆逐機部隊（1941年6月22日）

■第2航空艦隊本部：ワルシャワ

| 第Ⅷ航空軍団（ポーランド/スワルキ） | | 基地 | 機種 | 保有機数/可動機数 |
|---|---|---|---|---|
| Stab/ZG26：第26駆逐航空団本部小隊 | ヨハン・シャルク大佐 | スワルキ | Bf110C/E | 4/4 |
| Ⅰ./ZG26：第26駆逐航空団第Ⅰ飛行隊 | ヘルベルト・カミンスキ大尉（臨時代理） | スワルキ | Bf110C/E | 38/17 |
| Ⅱ./ZG26：第26駆逐航空団第Ⅱ飛行隊 | ラルフ・フォン・レットベルク大尉 | スワルキ | Bf110C/E | 36/30 |

含む全空軍戦力を無力化する同時急襲で行動を開始した［ドイツ軍によるソ連侵攻計画「バルバロッサ」作戦は、1941年6月22日午前3時に発動された］。

第1日目の総決算としては、約1500機の赤軍機が地上で破壊されたとされている。第26駆逐航空団のBf110は開戦数日間で、損害も出したが、単発戦闘機の航空団パイロットたち（彼らの多くの者が、きわめて驚異的な戦果をあげ始めるのだが）の場合とは異なり、あまり敵空軍の反撃も受けなかった。あるパイロットが言う。

「ロシアの連中は、通常の戦闘高度以外では、勝利をあげることもあった。奴らは戦闘高度を地表近くにまで下げていた。高い高度を嫌って3000m以上には、やって来なかったのだ。

「一方、我々の機は5000m以上でこそ、その真価を発揮した。しかし、連中はこれを嫌った。奴らはぶんぶんと低空域を飛び廻って、我が地上軍を攻撃し、その上空の修羅場には絶対にやってこなかった。これは我が爆撃部隊にとっては誠に結構な話で、彼らはまったく邪魔されずに、仕事をやりおおせることができた。ただし、歩兵部隊は抗議の悲鳴をあげ、なんとかするように要求し続けた」

上●水浸しの前線飛行場へ降りようとしている、第26駆逐航空団第Ⅱ飛行隊のBf110駆逐機。その水に映る影をとらえるため、カメラマンは慎重にシャッターチャンスを計っている。1941年初秋、ここはレニングラードへ向かう途中の、第54戦闘航空団第Ⅱ飛行隊のBf109と共用の飛行場であった。

下●第26駆逐航空団のBf110。このクローズアップ写真を見ると、臨時の白い冬期迷彩塗装が、それほど乱雑な仕事ではなかったことがわかる。厳冬期の寒さを凌ぐ防寒服を着こんだヘルベルト・ショープ上級曹長が誇らしげに、2桁になった彼の撃墜マークを確認している。10機の撃墜マークを個々に見ると、9個はバルバロッサ以前のもので、10番目だけがソヴィエト機と思われる。製造番号3901が操縦席下方に記入されていることに注目。

「何か稲妻みたいなものが閃いたんだろう、ベルリンは、ラタ（I-16）をたたき落とす最高の方法は、下から攻撃することだと「発見」してくれた。しかし、一体全体、地上10mを飛ぶ敵機を下から捕捉するなんてことが、どうやればできるんだ？　奴らの所まで急降下して、その下に居る味方の歩兵たちに向かって撃ちまくることになるだけだ。そして奴らの側面は亀みたいに装甲されているのだ」

「だから、奴らが基地にいる所をたたくしか、ほかに方法はなかった。我々は以前のクレタ島攻撃を思い出した。しかしひとつ大きな違いがあった。ここでは、奴らは格納庫の前にきちんと一列に並べられていた。何マイルも向こうからプロペラの回転する円盤が陽にキラキラ輝いているが見え、まさにおあつらえむきの目標だった。

「だが、この目標が炎上したか？　というと、答えはまったく否である。全砲

火を撃ち込みながら2、3航過して立ち戻ってみて、何が見えたか？　40機以上の機体がパレードみたいに並んでいて、そのうちの1機か2機が燃えていて……それだけだった。

「小型爆弾でも話は変わらない。2、3機がひっくり返り翼を空に突き出して、それですべてだった。

「次の朝、2度目の襲撃でに同じことを全部やってみても、奴らはまたチャンと立って並んでいるんだ」

　戦況に従って、駆逐機はふたたび地上攻撃を主任務とするようになった。前線の中央地区にあった活動地点から、第26駆逐航空団第Ⅰおよび第Ⅱ飛行隊はただちに北方へ移動して、バルト諸国を通過してレニングラードへ進撃するドイツ地上軍を支援することになった。

　できるだけ広い地域をカバーするために、飛行はつねに2機編隊で行い、おたがいに視認できる範囲で離れて飛ぶことにしていた。地上でも、敵の反撃に備えて駐機は分散して行われることが多かった。

　一例として、プレスカウからペイプス湖の東方100kmほどの所にあるサロディーニエへ移動した時のことを、あるパイロットが部隊の戦闘日誌に記している

「サロディーニエがどこにあり、どんな所なのか、実際、我々はまったく知らなかった。近くに町などなく、村落すらない。ただ一面の森のなかの一点、というだけである。しかし飛行場としては悪くなかった。本当の所、飛行場ですらなかったのだが。木を切り倒した防火線がいっぱいあったのを飛行場としたのだ。すべての2機編隊（ロッテ）が自分の滑走路──あらゆる方向に向いている──をもっていた。その真ん中あたりに高い木立に囲まれた小さな空き地があり、そこに我々はテントを張った」

　1941年8月下旬には、ドイツ国防軍はレニングラードに50kmの所まで迫った。駆逐機はといえば、2カ月以上にわたって地上軍支援に働き、敵歩兵部隊、物資集積所、戦車、列車、飛行場、前線不時着場を攻撃し続けていたが、あるパイロットが記しているように、突如、戦いの様相が変わってきた。

「まるで、ロンドンやイングランド南部の再現だった。レニングラード周辺の対空砲火は恐るべきものだった。ここにきて我々は、これまでの進軍中、各飛行場の対空砲火が無きに等しかった理由を理解したのだ」

「敵戦闘機もまた数を増して来て、ベラルーシを離れて以来かつてなかったほ

第26駆逐航空団第Ⅰ飛行隊長、ヴィルヘルム・シュピース少佐は東部戦線で11機の撃墜戦果を収めた。写真は1941年6月14日に騎士鉄十字章を受けた時のもの。シュピースは1942年1月27日に戦死し、柏葉騎士鉄十字章を追贈されている。

1941年の冬、この第210高速爆撃航空団第Ⅱ飛行隊のBf110Cは、胴体後部だけに冬季迷彩を適用されたか、あるいはこの臨時迷彩のうち、胴体前半部分を剥がされた機体だろうか。なお、丹念に仕上げられた機首の「スズメバチ」に、冬季迷彩を施した痕跡がまったくないことに注目。

第三章●長く続く下り坂

どになってきた。ここでは、通常6000〜7000m附近に群がっていた。しかし、特に危険な存在だったとはいえない。簡単な機動で奴らを回避することができた。時には攻撃をしかけてくることもあったが、飛行技術は拙劣だった。我々の戦闘機（第54戦闘航空団のBf109）は手早くしとめることができた」

駆逐機の2個飛行隊が、レニングラード近辺に数カ月止まっていて、この地域の鉄道や河川の交通破壊を行なっていた。1941年〜42年にかけての冬のあいだ、部隊はドイツに戻り、休養と補充を行なった。春になると、いくつかの部隊は東部戦線の中央方面へ戻り、スモレンスクとヴィーテブスク周辺で作戦した。しかし、駆逐機部隊に関する流れはすでに、長いこと延期されていた夜間戦闘機部隊への一体化へと傾いていた。そして1942年4月の末に第26駆逐航空団の第Ⅰ、第Ⅱ飛行隊ともに、第一線から引き揚げられて、第4夜間戦闘航空団第Ⅰおよび第Ⅱ飛行隊（Ⅰ.＆Ⅱ./NJG4）としてドイツ本土の夜間防衛任務につくための訓練を受けることになった。

ソ連領土内での10カ月で、第26駆逐航空団の多くのパイロットたちが地上攻撃で数多くの戦果をあげていた。また敵空軍の反撃が大変少なかった割には、敵機撃墜の個人戦果を増やした何人かのエクスペルテが生まれた。この期間に両飛行隊からは半ダースほどの騎士鉄十字章受章者が生まれている。

バルバロッサ作戦発動の1週間前に受章した2名は、バルカンでの功績に対して騎士鉄十字章を授けられた。ひとつは、当時第26駆逐航空団第Ⅰ飛行隊所属の中隊の指揮を指揮をとっていたヴィルヘルム・シュピース大尉の10機撃墜が、もうひとつは、第26駆逐航空団第Ⅱ飛行隊長を長く務めていたラルフ・フォン・レットベルク大尉の4機撃墜とその卓越した指揮能力が評価されたものであった。1941年8月6日にはさらにふたり、大尉と部隊の指揮官に対して同じ栄

Bf110の胴体下面ラックに兵器員が爆弾を装着しているところ。胴体のキャビーから下に、白の冬期迷彩塗装が乱雑に施されているが、スズメバチの部隊マークだけは塗り残されているのがわかる。

この、ずっとのちに撮影されたMe410のクローズアップ写真を見ると、同じスズメバチの部隊章（この時部隊は第1駆逐航空団第Ⅱ飛行隊となっている）がつけられているが、サイズは随分小さくなっている。また、1941年当時、機首下面にあった地上部隊近接支援のための爆弾ラックは、1944年には、対爆撃機攻撃のガンパックに姿を変えており、同部隊の任務の変わりようをよく示している。また、引き込み式ではないコックピット下の手掛けや、戦闘機と同様に塗り分けたスピナーの渦巻きにも注目。

誉が与えられた。10機撃墜のテオドール・ロッシヴァール（第26駆逐航空団第5中隊）と、5機撃墜のヘルベルト・カミンスキー（第26駆逐航空団第Ⅰ飛行隊）である。

　10月10日には、第26駆逐航空団第Ⅱ飛行隊のヴェルナー・ティーアフェルダー中尉の撃墜が14機に達して騎士鉄十字章を受けた。そして彼は、部隊がロシア戦線に駐留しているあいだにおける最後の受賞者ふたりのうちの、ひとりとなった。これはこのころの作戦行動の様相をもっとも明確に表しているものであった。エドゥアルト・マイアー少尉の騎士鉄十字章は、12月20日、18機の空中撃墜と48機の地上撃破（他に戦車2両）に対して授けられたものであった。また1942年3月18日に受賞したヨハネス・キール中尉の場合は、この傾向をもっとはっきり示している。キールは20機撃墜に加えて、62機の地上撃破、それに戦車9両に火砲20門、さらに、潜水艦1隻に魚雷艇3隻、輸送船1隻を破壊したのだ。

　しかしこのような戦果が無償で得られたわけではない。ソ連領内での数多くの犠牲のなかには、上に述べたうち、ふたりの騎士鉄十字章佩用者も含まれていた。1942年1月27日には、20機撃墜でいまや第26駆逐航空団第Ⅰ飛行隊長となっていたヴィルヘルム・シュピース少佐が、スヒニーチ近郊での地上直協作戦中に撃墜された。コンドル軍団時代から飛んでいるシュピースは、生え抜きの駆逐機乗りとしては柏葉騎士鉄十字章の初めての受賞者（1942年4月5日に追贈）となった。戦死したもうひとりの騎士鉄十字章佩用パイロットは、エドゥアルト・マイヤー少尉だった。彼のBf110は1942年3月31日、第26駆逐航空団が東部戦線から引き揚げるわずか数日前、ヴェリジ近くで地上攻撃中に空中衝突に巻き込まれた。

　バルバロッサ開戦時に立ち戻って見ると、実際は、中央軍集団に第2航空艦隊所属のBf110装備の2個飛行隊が展開していた。第210高速爆撃航空団（SKG210）の第Ⅰ、第Ⅱ飛行隊（それぞれバトル・オブ・ブリテン時の第210実験航空隊と、同じころの第26駆逐航空団第Ⅲ飛行隊）である。この時点での名称から推察できるように、これらの部隊――「高速爆撃機」飛行隊は地上部隊支援の専任であった。モスクワに向って進む地上軍の、巨大な大鍋のなかのような中央軍集団にあって、随伴するこの2個飛行隊は、目標に向かって急降下爆撃を加えたのち機銃掃射を行なう戦闘をしながら、全面的に巻き込まれていった。2カ月のうちに、彼らはヴィーテブスクに進出し、年末にはオリョールとブリャーンスクへ到着、首都の南西350kmまで迫った。高速爆撃を行なうパイロットたちは、あえて在空の敵を、特に爆弾を抱えている時は、強いて探し求める必要はなかったが、また強いてそれを避けたわけではなかった。モスクワへの道の途中では何回も空中戦が行なわれたが、それはあらかじめ計画されていたというより、偶発的なものであった。また、センノ近くでの戦車戦でドイツ戦車師団を支援していたあるパイロットが以下に回想しているように、しばしば勝敗がつかなかった。

「突然、青空から降ってわいたように、我々はたっぷり1個飛行隊分のロシア戦闘機群に襲われた。すっかりあわてて、何発も被弾したあげく、またもや片発で、なんとか基地まで戻らねばならなかった。どうにか何発かを撃ち込んではやったが、奴がその直後に急速に離れていったので、結果がどうだったかはわからなかった。エンジンがオーバーヒートし始めていたので、それを停めて、プロペラをフルフェザリングするのに手一杯で、それどころではなかった」

それでも、前進にともなって、さらに2名へ騎士鉄十字章が授けられた。ふたりとも第210高速爆撃航空団第Ⅱ飛行隊のメンバーで、1941年10月5日、下士官パイロットであるヨハンネス・ルッター上級曹長が、その時点での7機撃墜と30機地上撃破、さらに敵戦車15両の破壊で叙勲され、もうひとりの受章者は13機撃墜のエクスペルテ、ギュンター・トネ中尉であった。

　1942年初め、わずらわしい感じのある「高速爆撃」という名称は廃止されて、もっと慣れ親しんだ「駆逐機(ツェアシュテーラー)」に戻されることになり、第210高速爆撃航空団第Ⅰ、Ⅱ飛行隊は第1駆逐航空団第Ⅰ、Ⅱ飛行隊となった(第Ⅲ飛行隊は、あちこちから寄せ集めて編成され、当初はBf109、のちにMe210を装備した)。名前はもとに戻っても、仕事は変わらない。唯一の変化は、モスクワへ向う第1駆逐航空団の前進の主軸がほとんどゴールに近づけなくなっていたことである。

　1942年の戦闘は南部方面で展開されていた。目標はスターリングラードであった。この年は第1駆逐航空団第Ⅱ飛行隊にとって幸先が悪かった。2月3日に部隊は、長く隊長を勤めていたロルフ・カルドラック大尉をトロペズ近くで、彼の乗機のBf110が、自ら破壊したMiG-1戦闘機と衝突するという事故によって失った。彼のニックネームは「シュリッツオール」(文字通りの意味は「裂けた耳」だが、「逃げ足の速い奴」といった意味がある)、バトル・オブ・ブリテンの最高潮のころから第76駆逐航空団第Ⅲ飛行隊の指揮を引き受け、この歴史に残る戦闘が終結したのち、彼は騎士鉄十字章を受けていた。彼の死後6日目に柏葉騎士鉄十字章を授けられた。この栄誉は彼の東部戦線における10機撃墜戦果に対してというより、モスクワへ前進中、部隊の「高速爆撃機」任務での卓越したリーダーシップに対して与えられたものであった。

　1942年の全期間を通して、第1駆逐航空団はウクライナを通過してコーカサスへ進む南部軍集団を支援した。ソ連軍砲兵陣地を爆撃し、長距離を飛んで敵の物資供給の道路、線路を攻撃した。夏にはロストフ地区とアゾフ海上空で作戦した。敵空軍戦力の反撃はしばしば行なわれていて、そのつど対処していかなければならなかった。たとえば、ドネツ河沿いの砲台を急降下爆撃した時のことである。

　「予想しなかったソ連空軍機が現れた。15機から20機くらいのⅠ-153の下手くそどもが攻撃をかけてきたのだ。このクルクル廻る小さな複葉機をつかまえるのは至難のわざだった。我々のBf110はこうした仕事にはまったく向いていない。この戦闘で私は1機を墜とすことができたけれど、公平に見て、運がよかっただけだといわざるを得ない。私は奴にもう少しで追突するところだった。奴がどこから現れたのかまったくわからない。乱暴な一瞬の引き起こしののち、敵は現れたのと同じように突然消えてしまった」

　ケルチ半島部での戦闘後、第1駆逐航空団はドン河屈曲部へ移動、スターリングラードへとひた押しにしていく第6軍に随伴した。8月にはアルマヴィルとフロロフに基地を置いた。

東部戦線における夜間戦闘のエクスペルテ、ヨーゼフ・コキオク上級曹長(左)が彼の「勝利の杖」[戦果が記されている]で、12機の昼間撃墜と8機の夜間撃墜のスコアボードを指し示している。こののち7機の夜間撃墜を加えたことがコキオクに騎士鉄十字章をもたらした。

ここから出撃して、ボルガ河に沿った、スターリンが見せびらかしのために作った街の、市内と周辺の鉄道攻撃に従事した。ソ連軍の抵抗が強まると、今度は対戦車戦闘、急降下爆撃、ロシア陣地の銃撃などに、一日に4, 5回の出撃を行なった。

　初めての1トン爆弾を搭載（通常の2倍の荷重である）するようになると、8月の太陽で草原の飛行場が石のように固くなっているとはいえ、これではとてもいつもと同じようにはいかなかった。離陸には細心の注意が必要であった。攻撃も1回限りで、2度目のやり直しは不可能である。腹の下に1トン爆弾を抱えたままで、70度の急降下から引き起すなどという機動では、Bf110の主翼が千切れ飛ぶ可能性があったからである。

　続く3カ月のあいだに3個の騎士鉄十字章がこの航空団に与えられたことが、彼らの地上支援の活動が依然としてきわめて効果的であったことの証明であった。第Ⅱ飛行隊のヘルベルト・クーチャ少尉が最初に（9月24日）叙勲された時、東部戦線での撃墜数は14機であった。むしろ、彼の地上攻撃の戦果のほうが遙かに印象的である。航空機の地上破壊44機、戦車41両、機関車15両、火砲11門、そしてトラック157両が確認、承認されているのだ。10月29日に騎士鉄十字章を受けた第Ⅰ飛行隊のルドルフ・シェッフェル少尉は、撃墜5機に対して、その10倍の数の戦車破壊が確認されている。そして11月25日には第Ⅱ飛行隊のハンス・ペーターブルス上級曹長が、18機撃墜と26機の地上破壊（そして19両の戦車）の戦功で叙勲された。

　しかし、こうした性質の作戦を、これだけ大規模に実施すれば、犠牲もまた多く払わねばならない。スターリングラードでの、フォン・パウルス将軍の地上軍の大損害はよく知られているが、第1駆逐航空団の死傷者もこれに匹敵する悲惨なものとなった。年末には両飛行隊で使えるBf110はほんの一握りになってしまった。それでも戦闘へ赴かなくてはならない、刑の執行停止は1943年1月28日までやって来なかった。この日、6機のBf109と5機のBf110――これが可動機のすべてだった――は、この包囲された都市の上空を長距離パトロールすることになっていた。このころ、駆逐機部隊の協同作戦を行なっていた第3戦闘航空団（JG3）司令のヴィルケ少佐が異議を唱えた。駆逐機はこの種の任務には向いていない、というのが彼の率直な主張であった。しかし彼の抗議は、ほかでもないエアハルト・ミルヒ元帥本人によって否決されてしまった。

「異議申し立てを聞く耳はもたぬ。

1941～42年の冬の北極圏内の前線基地で、第77戦闘航空団第1（駆逐）中隊の指揮官、フェリックス＝マリア・ブランディス中尉（右）とバウス曹長のペアが共同であげた戦果の証し――ソ連機14機撃墜――を眺めている。しかし、撃墜数はこれ以上増えなかった。1942年2月2日、ムルマンスク南方へ出撃したふたりは、ついに帰還しなかったのだ。

第77戦闘航空団がその担当地区から引き揚げたのち、北極圏内の駆逐機部隊はたびたび呼称を変更した。順に、第6(駆逐)中隊、第10(駆逐)中隊、最後は第5戦闘航空団第13(駆逐)中隊である。写真のBf110G「1B＋AX」(製造番号120037)はその所属である。1943～44年の冬に撮影された本機は、おそらく中隊長ヘルベルト・トレッペ大尉(3機撃墜)の乗機である。

ドイツ空軍への信頼度は、なかんづく戦闘機部隊においては、いまやその境界線上にある……」

この出動は命令どおりに実施され、予測された通りの損害を受けることになった。

3日夜、残った10機の飛行可能機はスターリングラードをあとにして、320km西方のロストフとノヴォチェルカスクまで後退した。消耗を補充する新しい人員と機体は到着したが、この航空団のロシアでの日々は終わりかけていた。

1943年3月には、第1駆逐航空団第Ⅱ飛行隊は、地中海方面に送られる前にドイツ本国に引き揚げられた。一方、第1駆逐航空団第Ⅲ飛行隊は、すでに前年の秋に、東部戦線から引き揚げられてきたアフリカへ派遣されていた。第Ⅰ飛行隊のみがその後4カ月間、東部に留まった。

1943年5月、東部戦線の中央管区に再度展開していた彼らのロシアでの対戦車攻撃の戦歴は、歴史上最大の戦車戦——クルスクの会戦——への参戦で最高潮を迎えた。しかし爆装した17機のBf110は、この大会戦の結果にはほとんど影響を与えられなかった。そして1943年7月末には、第1駆逐航空団第Ⅰ飛行隊もまたドイツへ戻り、ここでかねて予定されていた通り、第26駆逐航空団第Ⅰ飛行隊として新規の名称を受けることになった。ただ第1駆逐航空団第Ⅰ飛行隊のごく一部の戦力がさらに数週間ロシアに留まっていた。

1942年9月時点に戻って見てみると、この航空団は1個の暫定的な夜間戦闘機中隊をもっていた。とはいってもこの第1駆逐航空団第10(夜間戦闘)中隊(10.(NJ)/ZG1)の装備機が2桁に達することはほとんどなかった。その短い隊史の大部分の期間、わずか3機か4機を維持しているだけであったのだが、この小さな隊はしかしひとりの傑出したエクスペルテを生んだのである。ヨーゼフ・コキオクが第76駆逐航空団第Ⅲ飛行隊へ配属されたのは1940年のことであった。

この部隊が第210急降下爆撃航空団第Ⅱ飛行隊(Ⅱ./SKG210)と称していたころ、コキオクは地上攻撃で優れた能力を示し、地上で15機を破壊、戦車4両に200台以上の車両を破壊した。彼はまた空中でも12機を撃墜している。彼が第1駆逐航空団第10(夜戦)中隊へいつ異動したかは、はっきりしていないが、その後の彼は夜間戦闘機乗りとして偉大な高みへと昇っていった。コ

Uボート、U-515の乗組員たちが、ビスケー湾を横切る航路の安全を確保している第1駆逐航空団第1飛行隊のJu88に、感謝の声をあげている。この写真を撮影した1943年11月9日の時点では、U-515は連合軍の船舶24隻を沈める大きな戦果を収めていた。同艦はこの年の終わりまでにさらに5隻を沈めたが、1944年4月9日、ポルトガルのマディラ北方で米海軍の艦載機によって海底に沈んだ。

キオク上級曹長は、1943年7月31日に騎士鉄十字章を受章、その後も、8月に中隊が第4航空艦隊所属の夜間戦闘小隊と名称を変えたのちも止まっていた。彼は9月26日、ケルチ半島上空で、乗機Bf110がソ連戦闘機に襲撃されて戦死した。死後で少尉に特進したヨーゼフ・コキオクは21機の夜間撃墜を果たしたのである。

しかし、このことをもって東部での駆逐機の存在が完全に終わってしまったわけではない。本来の第26駆逐航空団や第210急降下爆撃航空団（のちの第1駆逐航空団）が戦線の主要局面で活動していたあいだも、半独立組織の

画面手前のJu88（第40爆撃航空団第14中隊の「F8+RY」）は、新しくこの飛行隊に導入された、ビスケー湾上での作戦の海上用カモフラージュを施されている。

第14中隊のJu88 4機編隊（シュヴァルム）。この飛行中の写真から、新たに導入された2色迷彩塗装がよくわかる。スピナーに施された手の込んだ塗り分けにも注目。

第三章●長く続く下り坂

1943年に駆逐機の餌食となったビスケー湾の常連四人組。米海軍VP-63のPBYカタリナ（左上）は8月1日に、英第192ECM飛行隊のモスキートFB IV（右上）は8月11日に、英第461飛行隊のサンダーランドIII（左下）は9月16日に、そして英第295飛行隊のハリファックスVに曳航されていたホーサ・グライダー（右下）は9月18日に落とされた。

別の駆逐機部隊が、遙か北方、北極圏の境の上空とその両側で行動していた。この部隊の起源は、1941年初め、ノルウェーに展開していた第77戦闘航空団が沿岸パトロールのためにBf110のケッテ[3機編成]を編成した時に遡る。バルバロッサ開始時に、このケッテは通常9〜10機程度で編成する中隊（シュタッフェル）の戦力まで拡大された。部隊はノルウェー北部のキルケネスに根拠地を置き、フェリックス＝マリア・ブランディス中尉の指揮下で、この第77戦闘航空団第1（駆逐）中隊（1.(Z)/JG77）は、ムルマンスクのロシア港湾やその周辺の飛行場への爆撃のエスコートを主任務としていた。部隊の作戦地域である遠隔・不毛の自然のなかで、その時間の大部分を地上軍支援と地上攻撃に割いていた飛行隊は、エクスペルテを生む確かな手応えをつかんでいた。

しかし、戦果をあげた最初のパイロットは実はこの中隊のメンバーではなかった。一時的に併設されていた第76駆逐航空団本部小隊の指揮官ゲル

しかし、損害は一方的なものではなかった。被弾したJu88が絶望的な燃料緊急排出を行っているが、はたしてこの機体は片発飛行で基地にたどり着く幸運に恵まれただろうか……

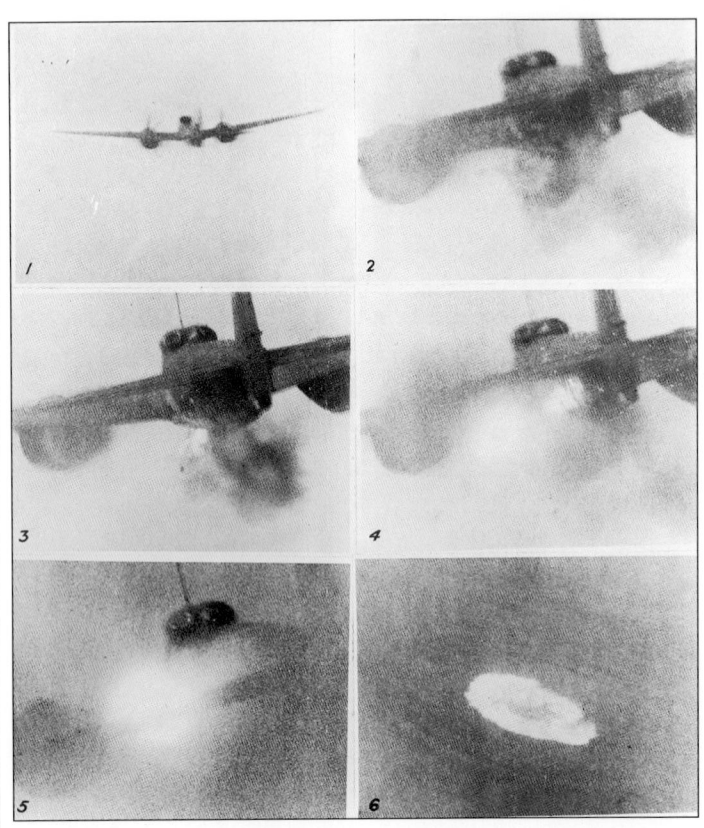

……そして、この機はついにそれが叶わなかった。第40爆撃航空団の「F8+HZ」が、第25飛行隊のモスキートⅡによる砲火の前に、墜落していく。1943年6月11日の撮影。

ビスケー湾でのふたりのエクスペルテン。ヘルマン・ホルストマン中尉(中央)と、ディーター・マイスター少尉(右)が、バルツェル少尉とともにJu88Rの前に立つ。第1駆逐航空団第Ⅰ飛行隊長ホルストマンは、1943年12月12、ボーファイターとの空戦で戦死。ディーター・マイスターは単座戦闘機へ転換し、1944年11月21日、第2戦闘航空団第10中隊長としてFw190で戦死した。

ハルト・シャシュケ大尉で、彼は東部戦線開始の初期の数週間に相当な数のスコアをもぎとっていた。シャシュケは、自ら考案した戦術(上空をBf109に掩護してもらいながら、単機に見せかけてソ連飛行場の上を航過し、迎撃に舞い上がるロシア機の上に降下する)を用い、撃墜マークはじきに2桁に達した。しかしこれは、かなり危険な戦法であった。1941年8月4日、この時までに20機のスコアをあげていたシャシュケのBf110は、ついに対空砲火に撃ち落された。彼は生き延びて捕虜となったが、ソ連の収容所で結局行方不明になっている。

北極圏でのもうひとりのエースは、第77戦闘航空団第1(駆逐)中隊の初代隊長、ブランディス中尉で、彼が戦死した1942年2月2日時点での戦果は14機であった。この日、ムルマンスク南方の鉄道に沿っての列車攻撃任務から低高度で帰還中に、部隊は悪天候の前線に飛びこんでしまった。基地が閉鎖されてしまったので、Bf110はロヴァニエミに向かうように指示された。視界はゼロで、地形も見分けられないなかを低空で凍った湖の上を飛んだ。……ブランディスの機も含めて3機が失われた。

ブランディスの後任のカール゠フリッツ・シュロスシュタイン中尉は1943年の夏までこの中隊の指揮をとっていた。この間に、隊の名称は何回か変更されたが(母体の航空団、JG77が、北極圏内の前線でJG5に置換されたことによる)、シュロスシュタインの個人戦果は8機にまで延びていた。

北部方面でもっとも成功したパイロットは、飛行訓練学校を卒業してきたばかりの26歳の下士官であった。テオドール・ヴァイセンベルガー曹長は、1941年9月14日、当時キルケネスに展開していた第77戦闘航空団第1(駆逐)中

A

B

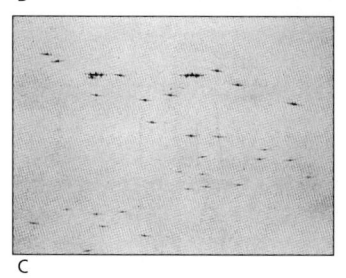

C

ドイツ本土防空戦初期のころの展開。まず(A)のように駆逐機は米重爆の密集編隊から充分に遠く離れて、護衛戦闘機が引き揚げるのを待つ。(B)でBf110は旋回して「ヘヴィ」に向かっていく。後方から近づき(C)、翌下からロケット弾を発射(D)。炸裂の煙は空が暗くなるほどで(E)、そのなかを1機のB-17(Eの画面左端中央)が煙を曳きながら、編隊からよろめき出す。ついに第1航空師団の「要塞」が落ち始めた(F)。

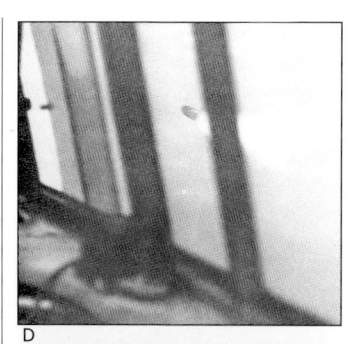

D

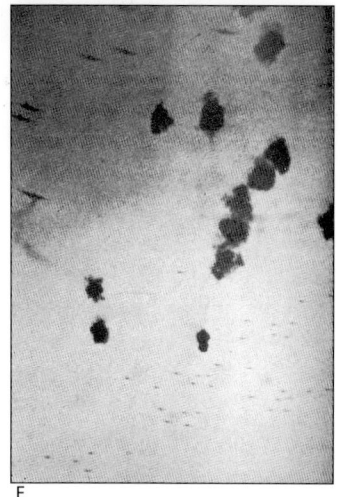

E

F

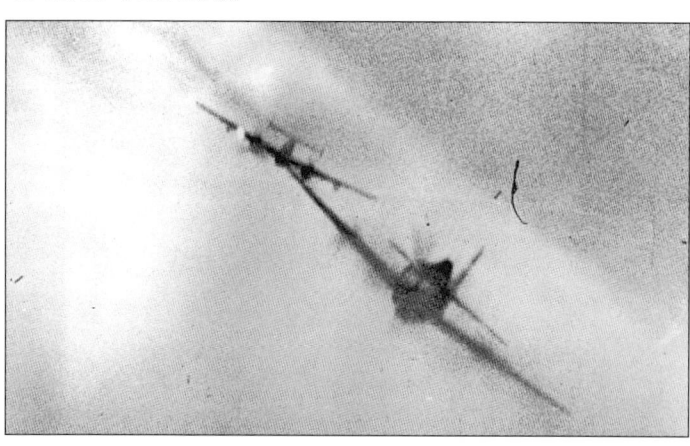

しかし、長距離護衛戦闘機が出現すると──写真はP-47サンダーボルトだが、P-51マスタングともなると、駆逐機搭乗員はさらにはっきりと、自分たちの立場が逆転したことを知ることになった。彼らはいまや狩人ではなく、狩られる側にまわったのだ。

に配属された。

　ヴァイセンベルガーは10月24日にI-153を撃墜して初戦果をあげ、1942年9月、第5戦闘航空団第Ⅱ飛行隊の単座戦闘機パイロットに転出した時点で、8機のハリケーンを含む23機以上の戦果をあげていた。そののち、第5戦闘航空団第13(駆逐)中隊(13.(Z)/JG5)となってなお、この中隊は1944年2月にフィンランドから引き揚げるまで、北極圏にとどまって戦いを続けていた。それ以後は、かつてこの隊が発足した地、ノルウェーに戻って、沿岸パトロール任務に数カ月従事したのち、新たに編成された第26駆逐航空団第Ⅳ飛行隊の第10中隊となった。

### 西部戦線
The Western Fornt

　バトル・オブ・ブリテンでの駆逐機部隊の甚大な損失は、北西ヨーロッパにおける昼間戦闘機としてのBf110の終焉を、はっきりと示したものであった。

　1941年後半、北海沿岸地区に第76駆逐航空団第Ⅱ飛行隊が一次展開していた間(この第Ⅱ飛行隊がクレタ島から戻り、第3夜間戦闘航空団第Ⅲ飛行隊となる前)の、わずかな例外を除けば、もっとも注目すべき事実は、Bf110駆逐機が西ヨーロッパ占領地域での、激化の一途をたどる空の戦いに参加する場は、おそらくもうなくなっていた、ということである。

とはいえ、西部に本拠を置く駆逐機のエクスペルテンに関連して、言及するに値する飛行隊がひとつあった。

ノルウェー侵攻作戦中に第30爆撃航空団（KG30）が隷下にJu88を使用する駆逐機中隊をもったように、1942年秋に第40爆撃航空団（KG40は遠距離爆撃部隊で、ここのFw200はウィンストン・チャーチル首相自らが「大西洋の疫病神」と仇名したほどであった）も、フランス西部に自身のJu88駆逐機飛行隊をもつにいたった。

第40爆撃航空団第V飛行隊設立当初の任務は、自らの航空団の爆撃機を掩護することであったが、それよりもむしろ、大西洋で活動しているデーニッツ提督のUボートがビスケー湾を横切って行き来する、危険に満ちた航路の安全を確保する任務のほうが大きかった。

また、この飛行隊はビスケー湾の縁をまわってイングランドからジブラルタルや地中海へ向かう、連合軍の空輸ルートをも襲って戦果をあげていた。

この飛行隊の最初の年の戦果は、その重武装の防御砲火によってドイツ空軍から「空飛ぶヤマアラシ」として知られている、決して馬鹿にできない、イギリス沿岸航空軍団（コースタル コマンド）の対潜水艦攻撃用サンダーランド飛行艇からはじまって、ビスケー湾を横切りシチリア島侵攻の落下傘部隊を北アフリカへ運ぶグライダーを曳航した、ほとんど防御能力のないカップルまでを含めて、80機ほどにおよんだ。部隊の、少なくとも3名のパイロット、ヘルマン・ホルストマン中尉、ディーター・マイスター、それにクルト・ネセサニーが、それぞれ5機の撃墜を報告している。

こうして1943年10月、第40戦闘航空団第V飛行隊が、第1駆逐航空団第I飛行隊と名称を変えた時（なんと3度目の変更である）、そこにはすでに3名のエクスペルテンが存在し、「ひたむきな」駆逐機パイロットとして、最終的にはそれぞれ6機の戦果を付け加えていた。

第40戦闘航空団第V飛行隊の4人目は、4機撃墜の戦果をあげていたアル

連合軍の護衛戦闘機出現にもかかわらず、この機関砲とロケット弾で重武装した「新」第26戦闘航空団のクルーたちは、たいして気にしていないようである。ひとりは風防に腰を下ろして本を読んでいるし、ほかのひとりは主翼の上で寝転がっている。機付の地上員は主翼の陰で居眠りをしているらしい。この写真はおそらく、どこかの訓練飛行場で撮られたもの（左後方に空軍のコードをつけたグライダーがみえる）か、ひょっとしたら「演出」写真かもしれない。

全装備状態でオーストリア・アルプスをパトロールする、第1駆逐航空団第II飛行隊の「編隊破り」。

ブレヒト・ベルシュテート中尉であった。そのうちの1機は、英国の有名な映画俳優で『ファースト・オブ・ザ・フュー』のスターであったレスリー・ハワードが搭乗する、民間のDC-3旅客機であった〔『The First of the Few/米公開題名；Spitfire』はスピットファイアを設計したR・J・ミッチェルの生涯を描いた伝記映画、大戦中の1942年に公開。レスリー・ハワードは企画、制作、監督、主演の4役をこなした。パイロット役でデイヴィッド・ニーヴンが共演〕。1943年11月8日に第1駆逐航空団第2中隊長に任命されたベルシュテートは、48時間後に北部スペインのオルテガル岬沖で英第228飛行隊のサンダーランドを墜として、エースの資格を獲得した。

このころ活動を開始したJu88装備の第1駆逐航空団第Ⅲ飛行隊（またしても第Ⅲ飛行隊としてこの名称をつけられた）を、1943～44年の冬に付け加えて、この飛行隊は1944年6月の連合軍ノルマンディ上陸まで、ビスケー湾岸に止

厳しい峰々が連なるアルプスを背景にしたこの写真は、米爆撃機から撮影されたものである。1944年2月23日にオーストリアのシュタイアーを爆撃後の、単機のB-24を所属不明のMe410が追跡している。これは疑いなく「ヘアアウスシュッツ」（文字通りには「撃って引きずり出す」こと）で、コンバットボックス、つまりおたがいに防御しあう密集隊形から、ある1機に損傷をあたえて脱落させ、これを餌食にすること）の結果である。

6発輸送機Me328の後期生産型と、ちょうどその上を着陸体勢で侵入してきた胴体下機関砲パック装備型のBf110。どちらも東部戦線の黄色いバンドを後部胴体に巻いていることから、この写真は1944年4月、ルーマニアのママイアに第1駆逐航空団第Ⅱ飛行隊が一時駐留していた時に撮影されたものと思われる。残念ながら胴体のバルケンクロイツ前の航空団コードは読みとれない。

まっていた。しかし、ノルマンディ海岸陣地への攻撃に投入されたふたつの飛行隊は悲惨な損害を被り、直後に隊は解隊した。

　生き残った乗員たちは戦闘機部隊へ編入され、その大部分は新しく編成された第4戦闘航空団の第II、第III飛行隊の中核メンバーとなった。

　先に述べた4名のエクスペルテンのうち2名はすでに第1駆逐航空団第I飛行隊での戦闘で失われ、残るふたり、ベルシュテート中尉とマイスター中尉は第2戦闘航空団のそれぞれ第9、第10中隊の隊長として、ドイツ本土防空戦のなかで、1944年の終わりまでに戦死した。

## 帝国の防衛
### Defence of the Reich

　当初の駆逐機部隊の明白な弱点から、その大部分の戦力はもっと有効な用途、すなわち夜間戦闘機へと転用されていった。そしてこの任務において、終戦までのあいだに多様な活動を展開している。第2世代の駆逐機部隊はまた、すんでのところで延命の機会を与えられたのだった。

　東部戦線では1942年から始まる低高度の地上軍支援任務を遂行したのが、いまや高高度昼間爆撃機を攻撃する帝国防衛のために再編されることになった。理論上はこれは見当外れの考え方ではなかった。Bf110は強固で堅実な武器プラットフォームとなりうる機体だったからである。5cm砲やロケット弾ランチャーのような重いが破壊力の大きい武装を搭載することが可能であり、敵爆撃機を有利な攻撃態勢で待機できるだけの航続性能ももっていた。

　この用途を考えた人間が勘定にいれていなかった点は、追加された武装によって、ただでさえ鈍重なBf110が、連合軍戦闘機の前にさらに弱体化してしまう、ということであった。

翼下面にロケット弾ランチャーを増設した第26駆逐航空団のBf110（3U+KR）。地中海から戻ったばかりの同航空団はそれまでとはまったく種類の異なる戦いを経験することになる。

米第8航空軍の迎撃に向かう第26駆逐航空団第9中隊の4機編隊。手前の機体は「3U+DT」。どの機体も翼下面にロケット4門と、胴体下面にガンパックを装着している。

1944年1月13日、ミュンヘン近郊のノイビベルグから戻る第76戦闘航空団第4中隊の機体と伝えられる写真。先頭機の37㎜ BK3.7（Flak18）装備がはっきりわかる。通常、この1発でB-17空の要塞を飛行不能にするに十分であった。

　初めのころ、これは大きな問題とはならなかった。航続距離の短い敵護衛戦闘機は、駆逐機が第8航空軍の重爆に攻撃をかける前に、引き返さざるを得なかったからである。したがって本当の「プルク・ツェアシュテーラー（文字通りの編隊破り）」として、重爆の密集編隊に大口径の砲弾とロケットを浴びせかけ、その密集編隊を崩して、単発戦闘機のBf109やFw190を突入させることができたのである。重爆編隊の重機関銃の猛烈な防御火網の危険はあったものの、「4発野郎」に対する戦果の大部分はこの時期に得られたものであった。

　しかし、1943年12月下旬になり、長距離を飛べるP-51マスタングが登場してくると、すべてが変わってしまった。米第8航空軍の「ヘヴィ」たちは、たちまち戦闘機のエスコートの恩恵を生かして、ドイツ帝国内や後背地のあらゆる地点へ飛来し始めた。もはや駆逐機にとって逃げ込める場所はなく、損害は驚くべき早さで上昇していった。

　この大きなほころびを繕う最後の試みとして、駆逐機部隊をMe410で再装

Me410への転換訓練中にケーニヒスベルク・イン・デア・ノイマルクで撮影されたと思われる写真。大群でローパスするこのような光景は、ベルリンの市民を感激させたかもしれないが、襲いかかるマスタングの群れにとっては神からの贈り物となるだろう。

備する措置が、1944年春にとられたが、避けられない結末を、単に先延ばしにしただけだった。別の時期に、周囲の状況が違ったところでならば、Me410は結構有効な武器であっただろう。しかし、1944年夏のドイツ上空では、ちょうど4年前のイングランド南部で、Bf110が敵に段違いの性能を見せつけられたのと同様の状況であった。

　結局、数週間とたたないでMe410部隊は解隊、年末を待たずに駆逐機部隊は消滅してしまった。

　ドイツ本土の昼間防衛のBf110導入は、1943年7月にロシアのオリョールから第1駆逐航空団第I飛行隊が、ハノーヴァー近くのヴンスドルフへ移動した時に始まる。

　この時期に配属されたあるパイロットは回想する。

「各飛行中隊の損耗は、補充部隊からの人員受け入れと操縦学校から直接に訓練生を入れることで補われていた。ここで我々は、対『ディッケ・アウトス（デカ車＝重爆撃機）』攻撃に採用された新しい戦術の実施訓練を開始した。

「主翼下面に4連の『デーデルス（ロケット弾チューブ）』が装着された［デーデルスは愚か者の意］。

「ドイツ湾の海上で実弾発射訓練を行った。4門の一斉射撃で4発が同時に炸裂するようすは打ち上げ花火そのものだった。あの古木箱［重爆］が空中で継ぎ目からバラバラになるぞ！　と思った」

　ヴンスドルフで東部戦線以来の歴戦の乗員たちはペアを解かれ、経験を積んだパイロットは、新人を実務になじませるもっとも手っ取り早い方法との

本土防空戦の初期に第26駆逐航空団第III飛行隊の指揮をとったヨハン・コーグラー少佐は、1944年5月に同航空団すべての指揮を任された。第6戦闘航空団へ移ってからも航空団司令として指揮をとっていたが、1945年の元日、ドイツ空軍最後の大規模作戦——ボーデンプラッテ——で撃ち落とされ、捕虜となった。

第76駆逐航空団第II飛行隊の4機編隊が離陸に移る。主翼下にロケット弾ランチャーを装備している機体はないが、遠方の2機は長銃身のMG151/20mm機関砲を機首に搭載している。

長銃身のMG151の機首武装がこのスナップ写真でよくわかる。同じく航空団のコードレター（この時期には初期のものの5分の1のサイズになっている）や、スピナーの渦巻き模様にも注目。

1944年4月16日、がっちりと編隊を組んでザルツブルクから帰途につく第76駆逐航空団第1中隊のBf110。この日、米第15航空軍の重爆が、ルーマニアとユーゴスラヴィアを空襲した。

見地から、新しい後席乗員と組み合わされ、目の前の任務に間に合わせようとした。

　第1駆逐航空団第Ⅲ飛行隊も中部イタリアから本国へ再訓練のために呼び戻され、同じ課程の訓練を受け、かつ、Me210を改良型のMe410に機材更新した。そして1943年10月には訓練課程を完了し、このふたつの飛行隊はそれぞれ「新しく」第26駆逐航空団第Ⅰ、第Ⅱ飛行隊と名称を変えた（彼らの「ZG1」なる呼称は、ビスケー湾に展開しているJu88のふたつの飛行隊に転用された）。

　第1駆逐航空団第Ⅱ飛行隊も同じくイタリアから7月に引き揚げられて、しか

ヨハネス・キール大尉が愛機に210mmロケット弾を装填するようすを見守っている。駆逐機部隊の「頼れる古手」のひとりであるキールは、1943年8月に第76駆逐航空団第7中隊の指揮をとり、11月には第26駆逐航空団第Ⅱ飛行隊長となったが、1944年1月29日に戦死した。

ふたりの上級曹長、ハウク兄弟。騎士鉄十字章をつけているのがヘルムート(左)で、第26駆逐航空団第III飛行隊に創設以来在籍。1943年なかばに第76駆逐航空団第4中隊長となり、終戦時には第102戦闘航空団司令として、18機撃墜(うち重爆が6機)で終戦を迎えた。兄のヴェルナー(右)も急降下爆撃機の優秀なパイロットで、開戦から4年間に1万トンにおよぶ商船と駆逐艦1隻を沈めている。1943年秋に弟の第6駆逐航空団第4中隊に移り、9回の出撃で重爆8機を撃墜している。1944年8月8日に騎士鉄十字章を受け、少尉に昇進したが、2カ月後の10月18日、アールボルク上空でBf109の練習機に搭乗中、英空軍戦闘機の犠牲となった。他に兄弟ふたりがすでに戦死しており、ヘルムート・ハウクは4人兄弟のうち、ただひとり大戦を生き延びた。

しドイツ本国へは戻らず、フランスの大西洋岸に送られた。まずロリアンへ、次いでブレスト南に基地を置き、このBf110部隊は第40爆撃航空団第V飛行隊のJu88と連繋して、ビスケー湾上空で作戦した。だが、戦果はあまり無く、10月8日、飛行隊長のカール=ハインリヒ・マーテルン大尉を、オーストラリア隊のスピットファイアによって、ブレスト上空で失ってしまった。翌日、マーテルンは騎士鉄十字章を追贈されたが、主にこれは東部戦線での12機撃墜という戦功(すべて東部戦線での戦果かどうかは判らないが)に対して与えられたものであった。

1943年10月遅く、第1駆逐航空団第II飛行隊はオーストリアのヴェルスに移動した。ここに彼らは次の夏までとどまり(うち1カ月はルーマニアにいたが)、イタリアから発進し南から侵入するアメリカ第15航空軍の爆撃機と戦った。

指揮をとっていたのはエーゴン・アルブレヒト大尉で、彼はロシアでの15機撃墜と11機の破壊をもって、1943年5月25日に騎士鉄十字章を受けていた。彼の下、この飛行隊は新たなアルプス上空の戦場で、いくつかの戦果を収めていた。

たとえば、1944年4月2日、シュタイアーとグラーツに対する第15航空軍の空襲において6機の「重爆」の撃墜を報告している。ただし、損害も同数であった。さらに5月29日にはウィーン東南方で、アメリカの護衛戦闘機のために12機を喪失し、敵爆撃機は1機も落とすことができなかった。

第76駆逐航空団第4中隊、ヘルムート・ハウクの乗機「2N+EM」。胴体下面に増設されたガンパックと、翼下面のランチャーから先端がのぞいている210mmロケット弾をフル装備した「プルク・ツェアシュテーラー=編隊崩し」は、敵の迎撃に上昇する。

写真の状態が良くないが、タイプの異なる駆逐機が編隊を組んでいるめずらしいショット。手前の機体は、命中すれば致命的な被害を与えられる37mm Flak18を装備しているが、後方の機体は両翼下面に210mmロケット弾のランチャーを1基ずつ下げている。重爆編隊に対し、この組み合わせで攻撃距離にまで突入できれば（2機のうち後者の方にチャンスが多いと思われるが）、大きな損害を与えられるのだが……

　これほどの損害で長いこと持ちこたえるのは不可能であった。1944年7月に部隊はドイツに戻り、Bf109に機種転換して名称も第76戦闘航空団第Ⅲ飛行隊（Ⅲ./JG76）となった。そして部隊は西部戦線に進出したが、到着後4日目の8月25日に航空団司令のエーゴン・アルブレヒトがマスタングに撃墜された。彼のこの時の戦果は、アルプスでの4発重爆3機を含めて、25機にまで上昇していた。

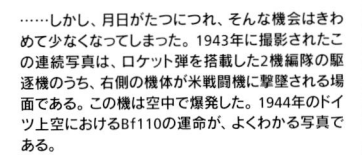

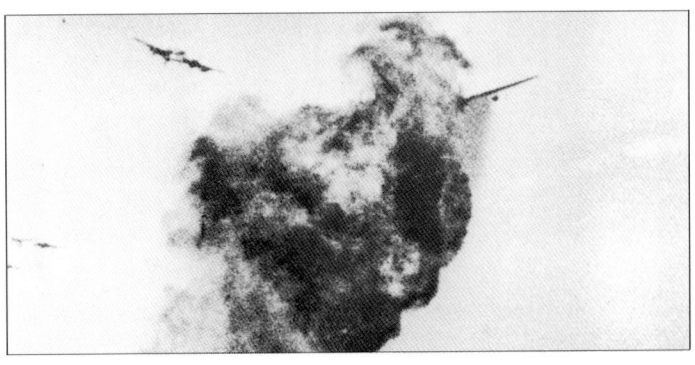

……しかし、月日がたつにつれ、そんな機会はきわめて少なくなってしまった。1943年に撮影されたこの連続写真は、ロケット弾を搭載した2機編隊の駆逐機のうち、右側の機体が米戦闘機に撃墜される場面である。この機は空中で爆発した。1944年のドイツ上空におけるBf110の運命が、よくわかる写真である。

第1駆逐航空団第II飛行隊が「帝国」の南の防壁を守っていた時、「新」駆逐航空団の残りの3分の2は北で、アメリカ第8航空軍の強大な敵に相対していた。航空団司令のラルフ・フォン・レットベルクに率いられた第26駆逐航空団第I、第II飛行隊に、地中海方面の長い遠征(オデュッセイ)から戻ってきた第III飛行隊が加わった。

　この第III飛行隊をまったくちがった戦いの場が待っていることになった。彼らの活動の当初から、厳しい損耗のくり返しに直面した。第26駆逐航空団の初期の出撃のひとつは、1943年10月10日、ミュンスターを襲ったアメリカ機に対して行われたが、第II、第III飛行隊が損害を受けた。駆逐機の報復は4日後の「第2次シュヴァインフルト」で成された。そのロケット弾攻撃は何機かの敵爆撃機を撃墜する上で、大いに効果を発揮した。メッサーシュミット社は回転式6バレルのロケット弾ランチャーを開発し、Me410に取り付けた。高速連続発射するこのロケット弾の一斉発射の試験結果は……、自機のノーズカウルを吹き飛ばして終わりを告げた。

　第26駆逐航空団にとって本当の問題はマスタングの登場から始まった。この米国製戦闘機が初めて長距離護衛(エスコート)任務に出撃したのは、1943年12月13日で、キールを周回して戻る1000マイル[1600km]におよぶものであった。そしてこの日、第354戦闘航空群のグレン・T・イーグルストン中尉[「Osprey Aircraft of the Aces 7——Mustang Aces of the Ninth and Fifteenth Air Forces and the RAF」を参照]が、1325時にフリードリヒシュタット上空で初撃墜を記録した相手の乗機が、おそらく第26駆逐航空団の所属機であった。

　この航空団の損耗は1944年最初の3カ月のうちに、どんどん増加していった。

　2月20日、米陸軍航空隊によるドイツ航空産業の中心部への爆撃作戦「ビッグ・ウィーク」において、ヨハン・コグラー少佐の第26駆逐航空団第III飛行隊は、「重爆撃機(ヴィーイー)」迎撃に向かったBf110 13機のうち、実に11機を喪失した。

　人材の損失として大きかったのは、同航空団第II飛行隊司令のエドゥアルト・トラット少佐が、2日後にMe410に搭乗してハルツ山地上空で撃墜されたことであった。トラットは1940年の始めに、当初の第26駆逐航空団第I飛行隊へ配属され、1942年4月12日に20機撃墜の戦果(うち12機はドーバー海峡地区で)と、ロシア戦線での地上支援活動により、騎士鉄十字章を受章している。

　その後、彼は18機を戦果に付け加えた。総計38機の敵機撃墜(4発重爆数機を含む)を果たした、エドゥアルト・トラットのこの撃墜機数は、その後も大戦を通じて駆逐機パイロットの最高戦果となった。

　1944年3月6日、第26駆逐航空団第II、第III飛行隊は、ベルリンを空襲した米重爆を攻撃し、出撃した17機のうち11機を失った。

　このような戦況では、この航空団が存続することはもはや難しかった。単に空中での途方もない損失だけではなく、基地を襲う連合軍戦闘機によって地上でも甚大な打撃をうけていた。このため、航空団は3月が終わる前に、ドイツ北西部の基地を引き払い、ケーニヒスベルク・イン・デア・ノイマルク(ベルリンの北東90kmにある小さな町)へ移動することになった。ここもまた、どこへでもやってくるマスタングの航続距離の内にあったが、少なくとも押しよせる爆撃機の奔流の、直接の被爆ラインからは外れていた。

　ケーニヒスベルクで第I、第IIIの両飛行隊はMe410へ機種転換を始めた。

敵爆撃機の接近が報じられていない比較的静かな日には、ベルリン＝デーベリッツの第I戦闘集団司令部は、国民の士気高揚のために、この飛行隊を呼び寄せて首都上空を低空で飛び回らせようとした。しかしこんなおだやかな日は少なかったし、損害はふたたび増大し始めていた。

　もっとも、その前にさまざまな変化が起こっていた。1944年5月にヴェルナー・ティーアフェルダー大尉指揮下の第26駆逐航空団から2個飛行隊が、この航空団を離れてMe262ジェット戦闘機を装備する実験部隊を編成することになった［本シリーズ第3巻『第二次大戦のドイツジェット機エース』第2章を参照］。縮小された第26駆逐航空団の指揮は、カール＝ベーム・テッテルバッハ少佐から、ヨハン・コグラー少佐に移った。コグラーはMe410装備の2個飛行隊が壊滅するのを見取る以上のことはできなかった。そしてその後8週間のあいだ幾度となく続いた戦闘のうち、第26駆逐航空団第I、第II飛行隊は、6回の戦いで、80名以上の搭乗員が戦死、または負傷する結果となった。

　どうしようもない結果として、このふたつの飛行隊は東プロイセンに撤退し、Fw190に機種改変するとともに、名称も第6戦闘航空団（JG6）となった。

　しかし、単発のFw190でも生命の保証はなかった。ルディ・ダッソウ少尉は1942年以来、第26駆逐航空団に所属し、ドイツ本土防衛戦闘ではもっとも戦功のあったパイロットで、22機の全撃墜戦果のうち12機は4発重爆であった。しかし、彼はフォッケウルフに乗り換えてわずか数日後に戦死してしまった。8月25日、フランスのラン近郊で、焰に包まれて撃墜されたのである。

　また、もうひとりの元第26戦闘航空団のパイロットで、17機の戦果のうち12機が4発重爆であったペーター・イェンネ大尉も、1945年3月2日、第300戦闘航空団第12飛行隊長だった時に戦死することになる。

　3番目かつ最後の昼間本土防空駆逐機部隊は、「新」第76駆逐航空団（ZG76）であった。この部隊は他の航空団とちがって、それ以前の経歴がなにもなかった。構成する3つの飛行隊は他の部隊からいろいろな中隊（主要な構成員は偵察部隊から集められた）を寄せ集めて編成されたものだった。

　第76駆逐航空団第I、第II飛行隊はそれぞれ、1943年8月と9月に活動を開始した。この未完成で経験のない航空団の指揮をとったのは、経験豊かなテオドール・ロシヴァール少佐であった。

　第III飛行隊の編成は11月に始められた。しかし、一度も全兵力が満たされないまま、年が明けた2月には、結局解隊されてしまった。そうしたなかで第76駆逐航空団第III飛行隊がマインツ南西でB-17 3機を撃墜したのは、航空団のなかで数少ないエクスペルテ、飛行隊長のヨハネス・キール大尉が撃ち落とされた、1944年1月29日のことだった。

　このような戦果は決して大きなものではないとはいえ、通常の結果よりは良い例外的なものであった。第76駆逐航空団第2世代のドイツ本土防衛戦における歴史は、その絶え間ない喪失リスト以上のものではなかった。たとえば、1944年3月6日のベルリン空襲では4機を喪失した。

　そしてこの航空団最悪の日は、その10日後、米第8航空軍がアウグスウブルクを襲った時であった。米護衛戦闘機はドイツ軍機77機の撃墜を報告、なかには第76駆逐航空団の不運なBf110が多数含まれていた。この3月16日に迎撃に上がった同航空団の駆逐機43機のうち、26機が撃墜され、さらに10機が程度の差はあれ損傷を受けて不時着したのである。この大虐殺がBf110の昼間戦闘機としての長い歴史に、終止符を打った。

最後の駆逐機部隊はMe410に装備を改変したが、永続きしなかった。

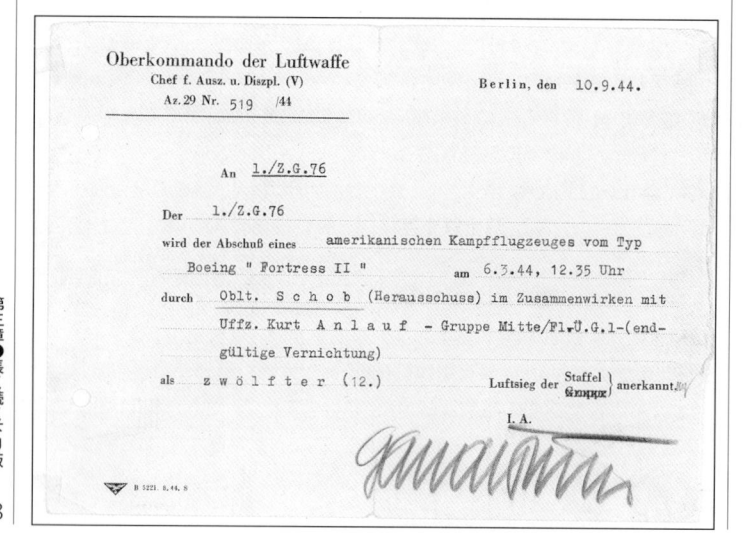

　1944年5月、第76駆逐航空団の第I、第II飛行隊はMe410に機種改変されはしたが、実質的にたいした違いではなかった。ロベルト・コワレウスキ中佐（有名な爆撃機パイロット）が指揮をとったが、この航空団の損失は増え続けていった。

　7月、第I飛行隊はBf109に機種改変を行い、第76戦闘航空団第I飛行隊（I./JG76）となった。

　「最後のプロシア人」ことヘルベルト・カミンスキ少佐（騎士鉄十字章を佩用するバトル・オブ・ブリテンやクレタ島の戦い以来のベテランで、7機撃墜のエクスペルテ）に率いられた第II飛行隊は、それでもドイツ空軍で最後まで残った駆逐機部隊のひとつとして、さらに数週間をがんばり抜いた。

　8月にはチェコスロヴァキアに移動、さらに東プロイセンに移った。ゼーラッペンに基地を置いた第76駆逐航空団第II飛行隊は、ドイツ空軍内で歓迎されていないMe410の集積所として、定数の2倍もの機数を抱え込み、1944年10月15日には、なんと62機を上回る双発戦闘機を保有していた。

　だが、もはやそこまでだった。11月に入って、第76駆逐航空団第II飛行隊は

残されしもの。1944年3月6日のベルリン空襲中、1235時、フォートレスII［英空軍にレンドリースされたB-17］撃墜を示す空軍最高司令部（OKL）の戦功確認書。第76駆逐航空団第I飛行隊のショープ中尉の「ヘアアウスシュッツ」［89頁の写真解説を参照］をも確認したのである。この傷ついたフォートレスは、結局、クルト・アンラウフ軍曹（なんと空軍フェリー部隊の所属）によってとどめを刺され、第76駆逐航空団第I中隊（1943年11月編成完了）の12番目の撃墜戦果として、公式に認められた。この3分後、1238時に、ヘルベルト・ショープはB-17をもう1機、こんどは単独で撃墜、中隊の合計戦果を13機に伸ばした。そして約7分後にショープのBf110GはP-51に撃たれ、搭乗員2名は脱出したが負傷した。

第三章●長く続く下り坂

Me410をあきらめFw190に機種転換を開始した。目的は第76戦闘航空団の第Ⅱ飛行隊(Ⅱ./JG76)となることであった。しかし、大戦最後の6カ月間にドイツ空軍へ出された多くの計画と同様、この改変にも機材の裏付けがなされなかった。単座戦闘機への転換訓練を受けた第76駆逐航空団Ⅱ飛行隊のパイロットたちは、既存の戦闘機部隊へと散っていった。

そして唯ひとつ残った第26駆逐航空団第Ⅳ飛行隊(Ⅳ./ZG26)は、そのMe410をもって1945年2月までノルウェーの沿岸パトロールに従事し、こうして駆逐機部隊の歴史は幕を閉じた。

ドイツ空軍の他のいかなる兵器にも、この、かつてゲーリング国家元帥が愛して止まなかった「鉄騎兵」のように、波乱に富んで、複雑かつ曲がりくねった歴史をもつものはなかった。

何千人もが駆逐機とともに戦った。その多くは戦死した。今日、憶い起こされる者は、わずかにすぎない。だが、駆逐機の勢いとその時代を示してくれる、典型的なひとりのパイロットがいる。

ヘルベルト・ショープ軍曹は1938年9月24日にスペインでI-16ラタを撃墜し、最初の戦果を記録した。コンドル軍団で戦うあいだに、彼はさらに5機撃墜を付け加えた。

第二次大戦が始まると彼は第76教導航空団第Ⅰ(駆逐)飛行隊(I.(Z)/LG1)のパイロットとしてポーランドに、第76戦闘航空団第Ⅰ飛行隊でノルウェーと西部戦線で、第26駆逐航空団第Ⅰ飛行隊に所属してバルカン半島と東部戦線で戦い、さらに第76駆逐航空団第Ⅰ、第Ⅱ飛行隊で本土防空戦を戦った。

1944年6月9日、中尉に進級していたヘルベルト・ショープは、騎士鉄十字章の受勲に輝いた。

そして合計28機を撃墜して彼は大戦を生き抜いた。その戦果にはスペインでの6機、東部戦線で1機、10機の四発重爆撃機が含まれていた。スペインのコンドル軍団での明るい灰色をしたBf109Dに始まって、1944年半ばに乗っていた重武装の「プルク・ツェアシュテーラー」にいたるまで、乗機には戦歴のすべてを通して、彼の個人的な信条が印されていた。

そこには短く4つの頭文字がならべられていた ―― NNWW、"Nur Nicht Weich Werden" ―― 「断じて退かず！」と。

第388爆撃航空群のB-17を攻撃後、離脱しようとしているMe410。ロケットや50㎜ BK5砲を装備していても、Me410はもはや自国上空の敵勢力の前に、生き残ることができなくなっていた。ドイツ空軍双発戦闘機の終焉であった。

ヘルベルト・ショープ空軍中尉。駆逐機勢力の始まりから終わりまで、その軍歴のすべてを捧げたパイロットが正装で身を飾る。

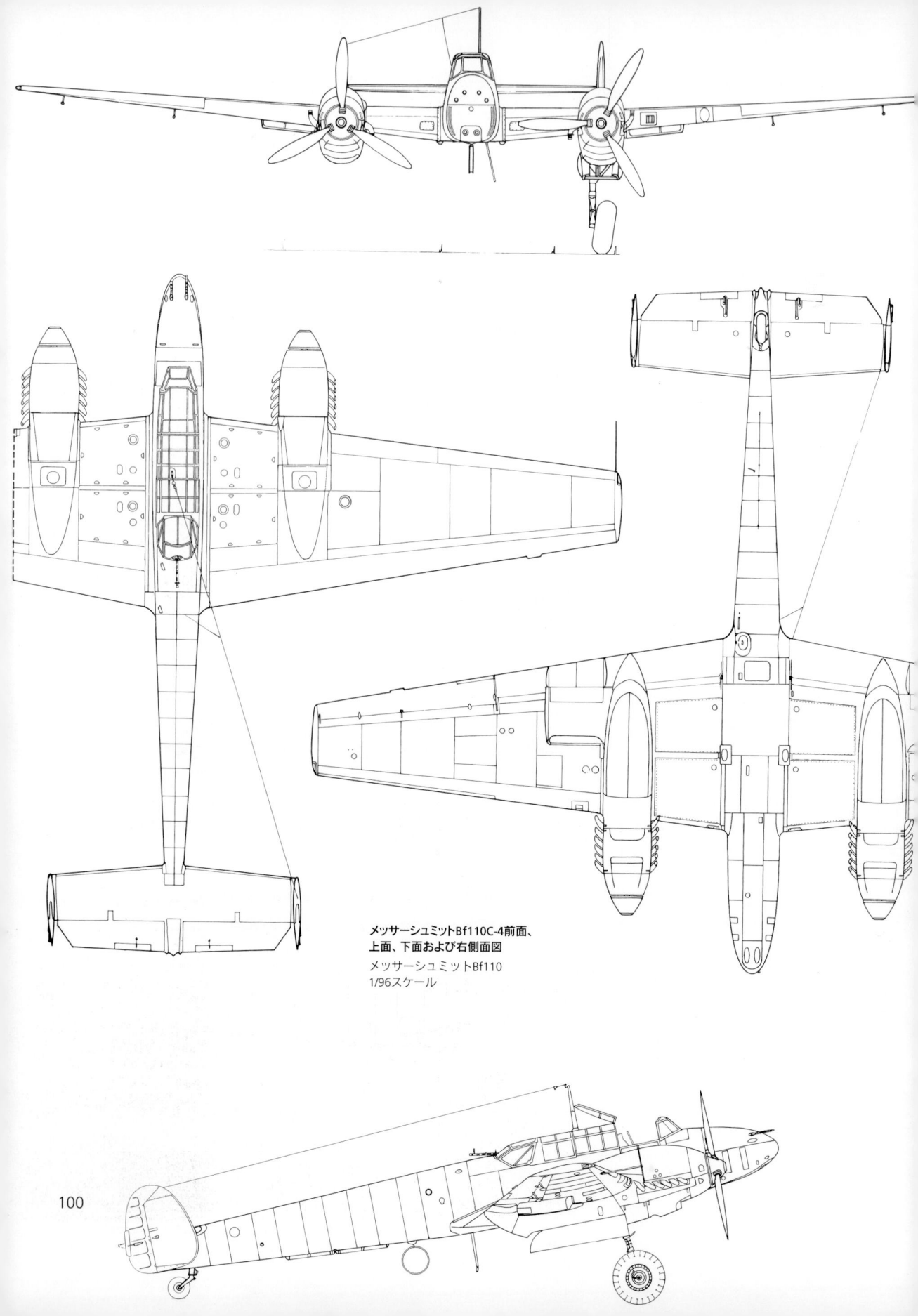

メッサーシュミットBf110C-4前面、
上面、下面および右側面図
メッサーシュミットBf110
1/96スケール

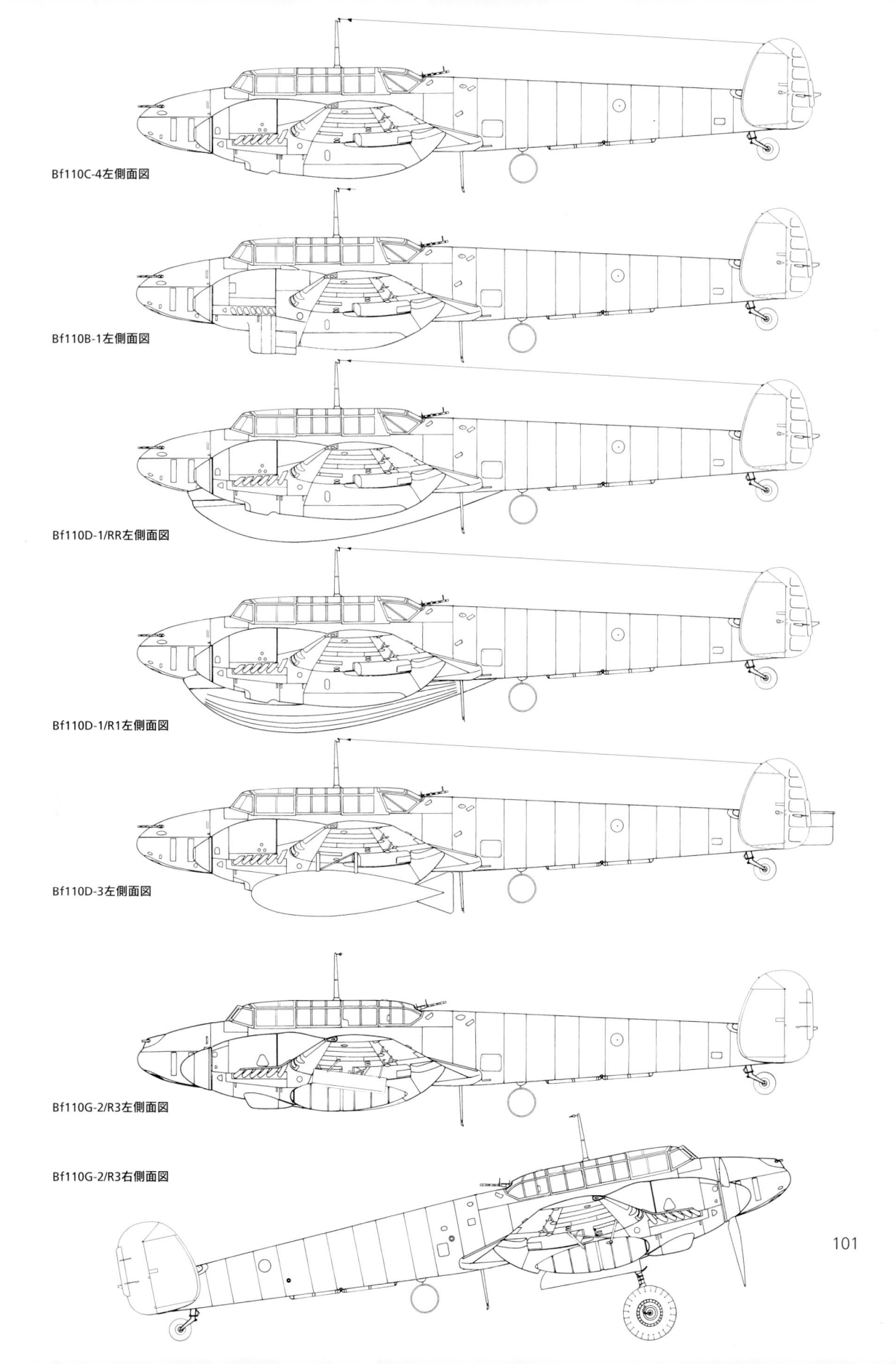

Bf110C-4左側面図

Bf110B-1左側面図

Bf110D-1/RR左側面図

Bf110D-1/R1左側面図

Bf110D-3左側面図

Bf110G-2/R3左側面図

Bf110G-2/R3右側面図

101

# カラー塗装図　解説
## colour plates

**1**
Bf110C　L1+IH　1939年9月　東プロイセン　イェーザウ
第1教導航空団第1（駆逐）中隊　ヘルベルト・ショープ曹長
大戦初期の標準塗装（機体上面をブラックグリーン；RLM色番号70／ダークグリーン71に下面をライトブルー65に塗装）で、この時期の規定の国籍マークを付けた「I＝イーダ, H＝ハインリヒ」は、ポーランド侵攻作戦開戦のヘルベルト・ショープの乗機。開戦初日に彼の飛行隊が撃墜したポーランドのP.7戦闘機2機のうち1機は彼の戦果である（もっとも彼自身はログブックにP.24と誤って記入している）。この戦果を風防の下部に撃墜マークとして記入している。

**2**
Bf110C　L1+LK　1940年5月　マンハイム＝ザントホーフェン
第1教導航空団第14（駆逐）中隊長
ヴェルナー・メトフェッセル中尉
ポーランド侵攻作戦ではエースが生まれなかったが、第2中隊のヴェルナー・メトフェッセルはその資格に近い4機を撃墜している。彼は「まやかしの戦争」中に5機目の撃墜を果たし、西部戦線での「電撃戦」でさらに戦果を延ばした。このころ、所属飛行隊は第1教導航空団第V（駆逐）飛行隊と名称を変えたが、その構成中隊（第13、14、15）はもとから識別コードレターに「H」「K」「L」を使い続けた。1940年タイプの国籍マークと「L＝ルートヴィヒ、K＝クルフュルスト」の識別コードレターに注目。

**3**
Bf110　L1+IL　1940年7月　カン＝ロカンクール
第1教導航空団第15（駆逐）中隊　ルドルフ・アルテンドルフ少尉
バトル・オブ・ブリテン開始時に、アルテンドルフの「I＝イーダ、L＝ルートヴィヒ」はまだ大戦開始時の初期塗装のままである。しかし、細い白線の国籍標識と垂直尾翼のカギ十字の位置が変えられているという組み合わせには注目。興味深いのは風防下部に描かれた、白い小さな蒸気機関車と炭水車のカリカチュアで、これはポーランドで第3中隊が列車攻撃任務についていたことに関係があると思われる。この機体と上の2機ともに、スピナー先端は中隊色で塗られている。

**4**
Bf110C　2N+GB　1940年4月　アールボルク＝ヴェスト
第1駆逐航空団第I飛行隊長ヴォルフガング・ファルク大尉
この時期、規定上のコードレターは「2N+AB」でなければならないはずであるが、第26駆逐航空団時代（カラー図版18を参照）からのラッキーレターであった「G」をつけ、自機が隊長機であることを誇示する単座戦闘機スタイルの二重シェヴロンをつけている。垂直尾翼には8本の撃墜マークがあり、最初の3本はポーランド機、最後の1本はデンマーク機のものである。しかし、戦後の公式記録を見ると、彼の戦果は7機どまりで、英国空軍機4機のうち1機は未公認であった。

**5**
Bf110C　2N+BB　1940年5月　ヴァンドヴィル
第1駆逐航空団第I飛行隊付補佐官ジークフリート・ヴァンダム中尉
上の、ファルクの二重シェヴロンを受けて、ヴァンダムの乗機は補佐官を示すマークを、胴体のコードレターの前方に描いている。初期型の胴体の国籍標識とともに、ファルク、ヴァンダム両機がダークグリーンに白縁の付いた個別レターを機首先端にも記していることに注目。ヴァンダムに駆逐機パイロットとしての戦果はなかったが、夜間戦闘機乗りとしては10機撃墜を果たしている。彼はまず第1夜間戦闘航空団に所属し、1943年7月4日の早朝、ベルギー上空で戦死した時は大尉で、第5夜間戦闘航空団第I飛行隊の本部小隊に籍を置いていた。

**6**
Bf110G　S9+IC　1942年6月　ウクライナ　ビェルゴロド＝II
第1駆逐航空団第II飛行隊長ギュンター・トネ大尉
この「第2世代」の第1駆逐航空団第II飛行隊（元第210高速爆撃航空団第II飛行隊）の機体の手のこんだ機首の「スズメバチ」は、この部隊が第76駆逐機航空団の第II飛行隊としてノルウェーに展開していた時にまで遡るものである。もともとは飛行隊のマークとして、リヒャルト・マルフフェルダーがデザインしたもので、当初は様式化された雲の上に3匹のスズメバチが飛んでいる図柄であったが、のちに第II飛行隊の「シャークマウス」の向こうを張って、もっと迫力のあるものに変更されたものである。主翼付け根すぐうしろの、東部戦線参加機の黄色の帯とともに、トネの撃墜マーク17機のうち後半の8個にはソ連の赤い星が付いていることにも注目。1942年12月には第10高速爆撃航空団司令に着任したが、1943年7月15日、イタリアのレッジオで乗機Fw190のエンジン故障により離陸に失敗し、死亡した。最終戦果は少なくとも20機を超えていたと思われる。

**7**
Bf110C　3M+AA　1940年8月　トゥーシュス＝ル＝ノーブル
第2駆逐航空団司令フリードリヒ・フォールブラハト中佐
いまだ初期型の胴体国籍マークをつけたこのフォールブラハトの「A＝アントン, A＝アントン」は、バトル・オブ・ブリテンの最高潮時に航空団付補佐官のヴィルヘルム・シェーファー中尉が借用して、1940年9月4日の南部イングランドへの出撃に参加した。不運にもというべきか、予測されていたとすべきか、シェーファーはイギリス空軍に補捉され、ショアハム・ダウンズに胴体着陸することになった。不運な乗機とは異なり、大佐となったフォールブラハトは大戦を生き抜き、乗員訓練や司令部スタッフなどを歴任して終戦を見とどけた。エースとはならなかったが、フォールブラハトは第一次、第二次両大戦でそれぞれ2機撃墜の戦果をあげている数少ないパイロットのひとりであった。

**8**
Bf110C　3U+AA　1941年1月　メミンゲン
第26駆逐航空団司令ヨハン・シャルク中佐
これも指揮官の乗機ではあるが前者とはずいぶん異なった塗装である。シャルクのBf110は1940年に導入されたまだら迷彩を施している。バトル・オブ・ブリテン後のドイツ本国での短い休養と再装備の期間を利用して、シャルクは航空団本部中隊色のブルーで、戦前の戦闘機部隊が用いた指揮官記号を描かせた。ブルーとホワイトによるスピナーの塗り分けに注目。シャルクは1941年8月に第3夜間戦闘航空団の指揮をとる以前、バルバロッサ作戦の開始数週間前の期間に第26駆逐航空団を率いていた。彼の最終撃墜数は21機と考えられており、うち11機は東部戦線での戦果であった。

## 9
Bf110E　3U+AB　1941年夏　東部戦線
第26駆逐航空団第I飛行隊長ヴィルヘルム・シュピース大尉

前出の「A=アントン、A=アントン」に似た塗装の、シュピースの「A=アントン、B=ベルタ」は東部戦線作戦機を示す黄色のバンドを巻いている。ちょうどこのころ、西部戦線での10機撃墜の戦功により騎士鉄十字章を受勲した（1941年6月14日受章）シュピースは、すでにソ連機4機撃墜を果たしており、垂直翼上にその戦果が記されている。

## 10
Bf110C　U8+BB　1940年5月　フランス
第26駆逐航空団第I飛行隊付補佐官ギュンター・シュペヒト大尉

この飛行隊付補佐官の乗機は、2機の飛行機（赤いドイツ機のカワカマスが黒いイギリス機の魚を追いかけている）のリンゲルピッツ（バラの花輪）という、非常に目立つ飛行隊本部小隊マークを機首に描き、また、シェヴロンを重ねた鉛筆のマークをキャノピー下の胴体に描いている。これは明らかに事務方の仕事もこなさねばならぬ彼の心情（ドイツ軍で「パピエクリーク（紙戦争）」、英軍で「バンフ（便所のちり紙）」と呼ばれる、書類の山とのうんざりするような格闘は、世界中の空軍に共通した任務なのだ）を表している。行動せずにはいられない人間だったシュペヒトは、1939年12月にドイツ湾上空でのウェリントン迎撃時に片目の視力をなくしていたにも関わらず、実戦に復帰し、大戦を通じて実に6度の被撃墜を経験した。単座戦闘機パイロットに転換し、第11戦闘航空団司令まで昇進したギュンター・シュペヒト少佐は、西部戦線のドイツ戦闘機が1945年元日に全勢力をあげて行った連合軍飛行場への昼間総攻撃「ボーデンプラッテ」に参加して、行方不明者のリストに加わった。最終戦果34機をもって、彼は騎士鉄十字章を追贈され、中佐へ戦死後進級した。

## 11
Bf110E　3U+BC　1941年6月　スワルキィ
第26駆逐航空団第II飛行隊長ラルフ・フォン・レトベルク大尉

これもまだら迷彩の一例であるが、この機体は部隊マークも付けている。機首の航空団マークは「HW」（ホルスト・ヴェッセル。ナチス党の「殉教者」で、第26駆逐航空団は正式にこの名を冠しているが、非公式には、つまり部隊では完全に無視されていた）の文字がデザインされて、赤と黒が十文字に分割された盾形のなかに描かれているものである。左エンジンのカウリングに描かれている白い木靴が第II飛行隊のマークである。航空団付補佐官のコードレターを付けたこの機体はフォン・レットベルク自身の乗機ではないが、彼がしばしばこの機を操縦していたことは記録に残っている。フォン・レットベルクは大戦を生き抜き、撃墜8機に地上撃破12機を加えた戦果を残した。

## 12
Bf110E　3U+AC　1942年1月　スモレンスク
第26駆逐航空団第II飛行隊隊長ヴェルナー・ティーアフェルダー大尉

フォン・レットベルクの後任者のこの乗機は、部隊の任務がますます地上攻撃中心になっていった状況を反映している。部隊マークは見当たらない。低空を飛ぶBf110のシルエットをぼかすため、全面に乱雑な白の蛇行迷彩を施している。ティーアフェルダーはその後、一時的に本土防衛で第III飛行隊の指揮を執ったのち、ジェット機実験部隊である262実験隊の指揮官を務めた。彼は1944年7月18日、ミュンヘン西郊をMe262で飛行中に戦死した。最終スコアは27機で、その大部分を東部戦線であげ、さらに41機の地上破壊を記録している。

## 13
Bf110C　3U+AN　1942年1月　サン・トロン
第26駆逐航空団第5中隊長テオドール・ロッシヴァール中尉

バトル・オブ・ブリテンまで遡るグリーン／ブラックグリーンの標準迷彩をほどこした、この第26駆逐航空団第5中隊の新しい指揮官の乗機は、垂直尾翼にすでに5個の撃墜マークを誇らしげに描いている。「スペードのエース」のマークは第53戦闘航空団の専用ではなく、この駆逐機中隊のエンブレムとしても使用されていることに注意。夜間戦闘機部隊に勤務（第1、第4夜間戦闘航空団）ののち、ロッシヴァールは「新」第76駆逐航空団の司令として1943年に駆逐機部隊へ復帰した。彼は大戦を撃墜17機で生き延び、この戦果のうち2機は夜間戦闘で記録、3機は本土防空戦で撃墜した米軍爆撃機である。

## 14
Bf110D　3U+AD　1942年1月　北アフリカ
第26駆逐航空団第III飛行隊長ゲオルク・クリストル大尉

地中海と北アフリカに於ける第26駆逐航空団第III飛行隊の指揮を長いこととっていたクリストルの、最初のころの乗機「A=アントン、D=ドーラ」は、標準的なブラウングリーンのまだら迷彩に、同じく標準的な白の作戦方面マーキングを身にまとっている。砂漠でのリーダーシップに対して騎士鉄十字章を授与（撃墜戦果は3機に止まっていたが）されたクリストル少佐はその後、大戦の最後の10カ月を第10戦闘飛行団（対爆撃機攻撃特殊兵器の実験部隊）のトップとして過ごした。彼の最終戦果は10機に止まった。

## 15
Bf110E　3U+AR　1941年4月　イタリア　タラント
第26駆逐航空団第7中隊長　ゲオルク・クリストル中尉

第26駆逐航空団第III飛行隊の指揮をとるに先立って、ゲオルク・クリストルは第7中隊長を務めた時期がある。1941年初頭、シチリア島に進出した時、引き続きユーゴスラヴィア侵攻への参戦が予定されていたため、機体にはすでに地中海方面作戦機の塗装が施されている。この図に見られるようにバルカン方面作戦参加部隊の白の胴体帯、エンジンカウリングと垂直尾翼に黄を塗装している。

## 16
Bf110E　3U+FR　1942年5月　デルナ
第26駆逐航空団第7中隊長アルフレート・ヴェーマイヤー中尉

バトル・オブ・ブリテンの最高潮時に第II飛行隊に配属されたヴェーマイヤーは、1942年6月に第7中隊長に任命された。この時期、砂漠での切迫した事情から、搭乗員たちは所定の乗機か否かを問わず、使えるならなんでも使用して出撃した。ヴェーマイヤーがしばしば搭乗したのはこの「F=フリードリヒ、R=リヒャルト」だが、戦死した時の乗機は「3U+HR」であった。

## 17
Bf110C　M8+DH　1939年12月　イエーファー
第76駆逐航空団第1中隊　ヘルムート・レント少尉

レントの「D=ドーラ、H=ハインリヒ」は1939年の規定通りの塗装とマーキングで、胴体のバルケンクロイツも細く、尾翼のカギ十字も安定板と方向舵にまたがっている。撃墜マーク4個のうちの3個は12月18日の「ドイツ湾の闘い」でのウェリントンだが、うち1個は結局公式な承認を得られなかった。昼間撃墜8機を記録したのち、レントは夜間戦闘機部隊へ転属となった。

**18**
Bf110C　M8+GK　　1939年12月　イエーファー
第76駆逐航空団第2中隊長ヴォルフガンク・ファルク大尉

レントの機体に殆ど同一であるが、ファルクの機は細部――第2中隊色である赤の部分塗装、6機の撃墜マーク（ポーランドで3機、イギリスで3機）、コクピット下の中隊エンブレムなど――が異なっている。この中隊エンブレムは白い盾型のなかに赤いテントウムシを描いたもの。ただし、ファルクは彼のラッキーレターの「G」を、本来ならば中隊長乗機を示す「A」にしなければならないのに無理矢理自分の機につけている。さらに彼が第1駆逐航空団や夜間戦闘機部隊へ移った時もこの「G」を強引にもっていくことになる。

**19**
Bf110C　M8+HK　　1940年8月　スタヴァンゲル
第76駆逐航空団第2中隊　レオ・シュマッハー上級曹長

第76駆逐航空団第2中隊がノルウェーに展開していた時、この図の製造番号第3170号機を含む大部分の機体は、新しいスタイルの国籍マーク（幅広の胴体バルケンクロイツと尾翼のカギ十字の位置の変更）を適用されていた。中隊マークのテントウムシと4個の撃墜マークが描かれ、個別機体表示のHは通常と異なっている。また胴体下の初期型の落下増槽にも注目。レオ・シュマッハーはその後、単座戦闘機部隊へ移り第1戦闘航空団、第11戦闘航空団で本土戦を戦い、最終的にはMe262装備の第44戦闘団（JV44）に所属した。最終スコアは23機で、騎士鉄十字章を受章した直後の1945年3月に戦死してしまった。

**20**
Bf110D　M8+AL　　1940年8月　スタヴァンゲル
第76駆逐航空団第3中隊長ゴードン・マック・ゴロブ中尉

1940年8月15日、北海長距離出撃に参加し、はなはだ不評だったダッケルバルフ（ダックスフントの腹）の1機。この作戦に差し向けられた21機のBf110Dのうち7機を喪失、2機が大きな損害を受けながらも基地にたどりついた。ゴロブの「A＝アントン、L＝ルートヴィヒ」は後者であった。「ダッケルバウフ」は完全な失敗で、この後直ちに上の図の様な落下増槽に切り換えられ、以後の型も同様の改修を受けた。

**21**
Bf110C　M8+AC　　1940年9月　アベヴィル＝イヴランシュ
第76駆逐航空団第II飛行隊長エーリッヒ・グロート少佐

おそらくもっとも有名で、広く知られているBf110の部隊マークは、この第76駆逐航空団第II飛行隊の「シャークマウス」であろう。ここに示すのは、バトル・オブ・ブリテン時の規定通りに暗色の機体を華やかに見せているシャークマウスである。本来は飛行隊長の乗機であり、また実際に、垂直尾翼に描かれた5機の撃墜マークは同じく彼のものと信じられている。しかし、この「A＝アントン、C＝ケーザー」が思いもかけず、1940年9月4日にタンブリッジ・ウェルズ南方の農場に胴体着陸する羽目になった時は、飛行隊付補佐官のヘルマン・ウェーバー中尉が操縦していた。

**22**
Bf110D　M8+AC　　1941年8月　スタヴァンゲル
第76駆逐航空団第II飛行隊長エーリッヒ・グロート少佐

グロート少佐の個人マーキングを付けた、もう1機の「シャークマウス」は濃密なまだら迷彩を施し、300リッター落下増槽を装着している。主翼端と方向舵を黄色く塗装しているが、後者の方は飛行本部小隊使用機を表しているものと考えられる。1940年10月1日に撃墜12機の戦功で騎士鉄十字章を受勲した「グローツェ」ことグロートは、その後、ヴァルター・グラーブマンの後を継いで第76駆逐航空団司令に就任。しかし、1941年8月11日にスタヴァンゲル近郊にて、悪天候の中を計器飛行中の事故で死亡した。

**23**
Bf110D　　1941年5月　イラク　モスール
ユンク特別航空隊（第76駆逐航空団第4中隊）

イラクに派遣された12機の第76駆逐航空団第4中隊の機体には、個別マーキングを施したものはない。特定の機体が、あるパイロットに振り当てられたことがないと思われるが、これは現地の装備状況や補充機の問題などの点から、理由を説明することができよう。イラクでの撃墜1機を報告しているパイロットのひとりに、その後柏葉騎士鉄十字章受章者となったマルティン・ドレーヴェス少佐がいる。この側面図は、部隊が短期間中東に駐留していた間も「シャークマウス」を描いたままであったこと、胴体上のドイツ空軍の正規コードレターをラフに塗りつぶしていることなどの目立つポイントをとらえている。また、イラク軍の標識や、翼下の900ℓ大型落下増槽はこの任務の長距離飛行の必要を表している。

**24**
Bf110G　2M+AM　　1944年3月　アンスバッハ
第76駆逐航空団第4中隊長ヘルムート・ハウク中尉

1944年の塗装とマーキングが施され、腹部ガンパック、落下増槽、ロケットランチャーを付加したフル装備したハウクの「A＝アントン、M＝マルタ」「プルク・ツェルシュテラー＝編隊破り駆逐機」は、「第2世代」Bf110の典型的か最終的な姿といえる。風防の防弾ガラスにも注目。第76駆逐航空団第4中隊は1944年3月16日の破滅的な空戦（Bf110駆逐機にとって「瀕死の白鳥の歌（スワンソング）」といわれている）でもっとも甚大な損害を被った隊で、ハウクの部隊の12機のうち、実に10機が撃墜されたのであった。この隊機は後席無線手ともども、無事に落下傘下降し、大戦最後の年は指揮官訓練部隊に在籍した。彼の最終スコアは重爆6機を含む18機であった。

**25**
Bf110C　M8+AP　　1941年5月　アルゴス
第76駆逐航空団第6中隊長ハインツ・ナッケ大尉

1940年から41年にかけての冬に北海方面の哨戒任務に就いていた第76駆逐航空団第II飛行隊は、春になるとクレタ島侵攻作戦参加のため、急遽南方へ移動した。ハインツ・ナッケの「A＝アントン、P＝パウラ」は陽光の気候への移動を反映して、「バトル・オブ・ブリテン」以後の標準的塗装にバルカン作戦機の黄色のマーキングを併用している。ナッケはいくつもの隊（実戦・実験・訓練の各種）の指揮をたくみに執って、大戦を生き抜いたが、撃墜戦果12機で1940年11月2日に騎士鉄十字章を受けたあとは得られなかった。

**26**
Bf110C　M8+NP　　1940年5月　フランス
第76駆逐航空団第6中隊　ハンス＝ヨアヒム・ヤープス中尉

駆逐機の勢いが最高潮にあったころの「シャークマウス」の典型的な姿で、規定通りの塗装とマーキングは、この部隊がフランスを横断して、しゃにむに前進していた1940年の晩春から初夏にかけてのようすを表している。当初の6機撃墜のマークがすでに垂直尾翼に描かれている。

**27**
Bf110C M8+IP 1940～41年冬　ドイツ湾

第76駆逐航空団第6中隊　ハンス=ヨアヒム・ヤープス中尉

バトル・オブ・ブリテンの終了時にヤープスのスコアは19機にまで達してた（これにより、1940年10月1日に騎士十字章を受章している）。この戦果は次の冬におけるこの「I＝イーダ、P＝パウラ」（製造番号3866）の垂直尾翼に正確に表現されている。彼は1941年9月には夜間戦闘の再訓練を受け、航空団司令にまで昇任して、その間に31機を撃墜して柏葉騎士鉄十字章に輝いた（うち最後の2機は1944年4月29日2機のスピットファイアを昼間戦闘で墜としたものであった）。

## 28

Bf110D　2N+DP　1940～41年冬　スタヴァンゲル
第76駆逐航空団第6中隊　ハンス・ペータープルス曹長

同様に、バトル・オブ・ブリテンののち、北海方面の哨戒任務についていた第76駆逐航空団第III飛行隊はノルウェー沿岸一帯を作戦区域としていた。興味深い点がふたつある。6カ月前に部隊名称が変わったが、この中隊は以前の第1駆逐航空団第III飛行隊の胴体コードレターをそのまま使っている（実際、この部隊が1941年5月に第210高速爆撃航空団第II飛行隊と、再度名称変更するまでこのままであった）。同じくもとの飛行隊マークも継続している。この部隊は1939年から43年にかけて名称がたびたび変わり、ハンス・ペータープルスは第4地上攻撃航空団第II飛行隊（II./SG4）に転属、1944年1月11日、イタリアのサレルノで英空軍機との交戦で戦死した。空戦での撃墜数は少なくとも20機を超え、ロシア戦線で地上撃破30機以上の戦果もあげていた。

## 29

Bf110E　LN+FR　1941年9月　フィンランド　ロヴァニエミ
第77戦闘航空団第1(駆逐)中隊長
フェリックス=マリア・ブランディス中尉

戦闘航空団に附随する半独立指揮系統の駆逐機部隊である第1中隊は、自らの部隊コードレター4文字のうち胴体の国籍標識の右に「LN」を、個別の機体レターを左につけ、最後に「R」を加えている。この図に明らかなように中隊長機は中隊マークとともに、型どおりのグレー迷彩に撃墜マーク――この時点では8機――を垂直尾翼に記入している（撃墜マークの記入が、機が地上に静止している時に水平になる様に描かれていて、機軸に平行ではない点に注目）。

## 30

Bf110C LN+IR　1941年9月　ノルウェー　キルケネス
第77戦闘航空団第1(駆逐)中隊
テオドール・ヴァイセンベルガー曹長

上の図と同様の機体であるが、撃墜マークの記入はない（ヴァイセンベルガーはこの時まだ、戦果をあげていなかった）。この「I＝イーダ、R＝リヒャルト」は、同じ中隊マーク（ダックスフントがI-16をくわえている）を描いている。部隊の名称は何度も変更されたが、この中隊は誰にでも「ダッケル」（ブランディスの愛犬で、彼がノルウェー沖で落としたハドソンに因んでロッキードと名付けられていた。これをモデルにして中隊マークがデザインされた）の名で知られていた。駆逐機での撃墜戦果23機をもって、ヴァイセンベルガーは中隊の母体の航空団（第5戦闘航空団）へ、1942年9月に移動し、以後大戦終結まで単座戦闘機に乗り続けた。終戦時、彼は第7戦闘航空団司令としてMe262に乗っており、撃墜208機をもって柏葉騎士十字章を授与されていた。彼、ヴァイセンベルガーは戦後、1950年6月10日にニュルブルクリンケでのレース中の事故で死亡した。

## 31

Bf110E　S9+AH　1941年9月　セチンスカヤ
第210高速爆撃航空団第1中隊長　ヴォルフガング・シェンク中尉

本機はカラー図6で示されている第1駆逐航空団第II飛行隊とそっくり同じマーキングをつけているが、これはとんだ落とし穴の例である。垂直尾翼に描かれたの個人戦果（撃墜15機プラス戦車5両）からわかるように、この飛行隊が第210高速爆撃航空団第II飛行隊であった8カ月間（1941年5月～1942年1月）のちょうどなかごろ――つまり1941年9月――の機体である。ヴォルフガング・シェンクものちにMe262に搭乗、彼の場合は戦闘爆撃パイロットとしてシェンク分遣隊を統括することになる[本シリーズ第3巻「第二次大戦のドイツジェット機エース」第2章を参照]。

## パイロットの軍装　解説
### figure plates

### 1
第1教導航空団第14(駆逐)中隊　ヴェルナー・メトフェッセル中尉
1939年～40年冬　ヴェルツブルク

4機撃墜を果たし、「エース予備軍」であったメトフェッセルは、「まやかしの戦争」後の冬のシーズンを部隊とともにヴルツブルクで過ごしていた。この絵の彼は、耐寒服に身を包み、毛革衿付のジッパー付ワンピースのフライトスーツのポケットに深く手を突っ込んでいる。飛行ブーツと将校用ベルト、そして頭にはサイドキャップという組み合わせである。

### 2
第76駆逐航空団第6中隊長　ハインツ・ナッケ大尉
1940年～41年冬　イエーファー

やってくる冬を格好良く迎えるように、ナッケは彼のトレードマークになっている羊毛のジャケット（大尉の袖章付き）を着込み、乗馬ズボンにブーツという出で立ちである。白いスカーフとバトル・オブ・ブリテン終了時に12機撃墜で授与された騎士鉄十字章にも注目。

### 3
第26駆逐航空団第III飛行隊
リヒャルト・ヘラー上級曹長　1941年9月　地中海戦線

受章したばかりの騎士鉄十字章（1941年8月、21機撃墜）を付け、地中海と北アフリカへの部隊進出を反映した服装――ジッパー付きワンピース軽量飛行服（同じく階級袖章付き）、空気膨張式の救命胴衣、視認性の高い黄色のヘルメットカバーなどをまとっているが最後のふたつのアイテムは長距離洋上哨戒任務には不可欠な装備であった。

### 4
第26駆逐航空団第5中隊長
テオドール・ロッシヴァール大尉　1941年秋　東部戦線

3人目の騎士十字章受章者として、ロッシヴァールは上着と乗馬ズボンに、将校用標準軍装とシルムミュッツェ（将校用庇付軍帽）を被っている。この時の彼が着用しているのは、左胸ポケットの上の略綬リボン、戦傷バッジ付きの第一種鉄十字章、その下のパイロットウィング章、そして右ポケットの上の戦功十字章などである。

### 5
第77戦闘航空団第1(駆逐)中隊長
フェリックス=マリア・ブランディス中尉　1941年～42年冬
ロヴァニエミ

東部戦線、特に北極圏内での前線勤務に相応しいブランディスの、白一色の毛皮衿付き冬期用服装。裏地パッド付きの上着とジッパー付きズボンからなり、これに標準型の毛皮帽の耳覆いを垂らしている。黒色の階級章(中尉を表すヒゲマーク2個とバー1個)が白色のボタン留めの袖の上で大変目立っている。

**6**
**第26駆逐航空団第Ⅱ飛行隊長　エドゥアルト・トラット少佐**
**1943年秋　ヒルデスハイム**

　実際に実戦で使用していたかどうかははっきりしないが、ここでトラットがかぶっているSF30スチール・ヘルメットはアメリカ重爆の銃火から身を守るために駆逐機部隊に支給されていたもの。このSF30はそれ自体に固定のためのベルト等はなく、標準の飛行帽を被った上にキッチリと被さるように着用するものであったらしい。当然ながら、これが広く使用されることはなかった。

### 原書の参考文献
### BIBLIOGRAPHY

ADLER, MAJOR H., Wir greifen England an! Wilhelm-Limpert Verlag, Berlin, 1940
ANTTONEN, OSSI and VALTONEN, HANNU, Luftwaffe Suomessa - in Finland 1941-44 Vol.1. Helsinki, 1976
BINGHAM, VICTOR, Blitzed! The Battle of France, May-June 1940. Air Research Publications, New Malden, 1990
BONGRATZ, HEINZ, Luftkrieg im Westen. Wilhelm Köhler Verlag, Minden, 1940
COLLIER, RICHARD, Eagle Day. Hobber and Stoughton, London, 1966
CULL, BRAIN et al, Twelve Days in May. Grub Street, London, 1995
DETTMANN, FRITZ, 40.000 Kilometer Feindflug. Im Deutschen Verlag, Berlin 1940
DIERICHI, WOLFGANG, Die Verbände der Luftwaffe. Montorbuch Verlag, Suttgart, 1976.
EIMANNSBERGER, LUDWIG v., Zerstörergruppe: A History of V.(Z) / LG1-I./NJG3, 1939-41. Schiffer Military History, Atglen, 1998
GIRBIG, WERNER, Jagdeschwader 5 "Eismeerjäger". Motorbuch Verlag, Stuttgart, 1976
GOSS, CHRIS, Bloody Biscay: The History of V./KG40. Crécy, 1997
GRABLER, JOSEF, Mit Bomben und MGs über Polen. Verlag Bertelsmann, Gütersloh, 1942
GROEHLER, OLAF, Kampf um die Luftherrschaft. Militärverlag der DDR, Berlin, 1988
HELD, WERNER, Die deutsche Tagjagd. Motorbuch Verlag, Stuttagart, 1977
HELD, WERNER, Reichsverteidigung; Die deuutsche Tagjagd 1943-1945. Podzun-Pallas, Friedberg, 1988
HELD, WERNER/OBERMEIER,ERNST, Die deutsche Luftwaffe im Afrika-Feldzug 1941-1943. Motorbuch Verlag, Stuttgart
ISHOVEN, ARMAND, VAN, Messerschmitt Bf 110 at War. Ian Allaan, London, 1985
KAUFMANN, JOHANNES, Meine Flugberichte 1935-1945. Journal Verlag Schwend, Schwäbisch Hall, 1989
LOEWENSTERN, ERICH v., Luftwaffe uber dem Feind. Wilhem Limpert-Verlag, Berlin, 1941
MATTHIAS, JOACHIM, Alarm! Deutsche Flieger über England. Steiniger-Verlage, Berlin, 1940
MEHNERT, KURT und TEUBER, REINHARD, Die Deutsche Luftwaffe 1939-1945. Militär-Verlag Patzwall, Norderstedt, 1996
NAUROTH, HOLGER, Die deutsche Luftwaffe vom Nordkap bis Tobruk 1939-1945. Podzun-Pallas Verlag, Friedberg
NAUROTH, HOLGER/HELD, WERNER, Messerschmitt Bf 110 Zertörer an allen Fronten 1939-1945. Motorbuch Verlag, Stuttgart, 1978
NEITZEL, SÖNKE, Der Einsatz der deutschen Luftwaffe über dem Atlantik und der Nordsee, 1939-1945. Bernard & Graefe Verlag, Bonn, 1995
NOWARRA, HEINZ J., Luftwaffen-Einsatz "Barbarossa" 1941. Podzun-Pallas Verlag, Friedberg
OBERMAIER, ERNST, Die Ritterkreuzträger der Luftwaffe 1939-1945,Band I Jagtflieger. Verlag Dieter Hoffmann, Mainz, 1966
OFFICIAL ,The Rise and Fall of the German Air Force (1933 to 1945). Air Ministry, London, 1948
OKW, Der Sieg in Polen, Zitgeschichte-Verlag. Berlin, 1939
OKW, Sieg über Frankreich, Zitgeschichte-Verlag. Berlin, 1940
OKW, Kampf um Norwegen, Zeitgeschichte-Verlag. Berlin, 1940
OKW, Fahrten und Flüge gegen England. Zeitgeschichte-Verlag, Berlin, 1941
OKW, Die Wehrmacht-Das Buch des Krieges 1939-1940
OKW, Die Wehrmacht-Das Buch des Krieges 1940-1941
OKW, Die Wehrmacht-Das Buch des Krieges 1942
OKW, Wehrmachtberichte Weltgeschichte. Verlag "Die Wehrmacht", Berlin, 1941
PLOCHER, Genltn. HERMANN, The German Air Force versus Russia, 1942. Arno Press, New York, 1966
PRICE, ALFRED, Battle of the Britain: The Hardest Day, 18 August 1940. Macdonald and Jane's, London, 1979
PRICE, ALFRED, Battle of the Britain Day, 15 September 1940. Sidgwick & Jackson, London, 1990
RAMSEY, WINSTON G.(ed.), The Battle of Britain Then and Now. After the Battle, London, 1985 (3rd edition)

RAMSEY, WINSTON G.(ed.), The Blitz Then and Now (Vols. 1 & 2). After the Battle, London, 1987 and 1988
RIES jr., KARL, Dora Kerfürst und rote 13, Vols. I-IV. Verlag Dieter Hoffman, Finthen/Mainz, 1964-69
RIES jr., KARL, Markings and Camouflage Systems of Luftwaffe Aircraft in World War II, Vols. I-IV. Verlag Dieter Hoffman, Finthen/Mainz, 1963-1972
RIES jr., KARL, Photo Collection/Luftwaffe Embleme 1939-1945. Verlag Dieter Hoffman, Finthen/Mainz, 1976
RIES jr., KARL/OBERMEIER, ERNST. Bilanz am Seitenleitwerk, Verlag Dieter Hoffman, 1970
RLM, Jahrbuch der deutschen Luftwaffe 1940. Verlag von Breitkopf & Hartel, Leipzig, 1940
ROSSIWALL, THEODOR, Fliegerlegende. Kurt Vowinckel Verlag, Neckargemünd, 1964
SHRAMM, PERCY E. (ed.), Kriegstagebuch des OKW (7 Vols.). Manfred Pawlak, Herrsching, 1982
SHORES, CHRISTOPHER, Air Aces. Biston Books, Greenwich, 1983
SHORES, CHRISTOPHER, Duel for the Sky. Grub Street, London, 1985
SHORES, CHRISTOPHER/RING, HANS, Fighters over the Desert. Neville Spearman, London, 1969
SHORES, CHRISTOPHER, et al., Fighters over Tunisia. Neville Spearman, London, 1975
SHORES, CHRISTOPHER, et al., Air War for Yugoslavia, Greece and Crete 1940-1941. Grub Street, London, 1987
SHORES, CHRISTOPHER, et al., Fledgling Eagles. Grub Street, London, 1991
SMITH, J. R. & GALLASPY, J. D., Luftwaffe Camouflage and Markings 1935-1945, Vol.2. Kookaburra Technical Publications, Melbourne, 1976
SMITH, PETER & WALKER, EDWIN, War in the Aegean. William Kimber, London, 1974
SUPF, PETER, Luftwaffe schlägt zu! Im Deutschen Verlag, Berlin, 1939
SUPF, PETER, Luftwaffe von Sieg zu Sieg: Von Norwegen bis Kreta. Im Deutschen Verlag, Berlin, 1941
VARIOUS, Unsere Flieger uber Polen. Im Deuyschen Verlag, Berlin, 1941
VASCO, JHON, J. and CORNWALL, PETER D., Zerstörer, The Messerschmitt 110 and its Units in 1940. JAC Publications, Norwich, 1995
VÖLKER, KARL-HEINZ, Die deutsche Luftwaffe 1933-1939. Deutsche Verlags-Anstalt, Stuttgart, 1967
WAKEFIELD, KENNETH, Luftwaffe Encore: A Study of Two Attacks in September 1940.William Kimber, London, 1979
WIDFELDT, BO, The Luftwaffe in Sweden 1939-1945. Monogram, Boylston, 1983
WUNDSHAMMER, BENNO, Flieger-Ritter-Helden: Mit dem Haifischgeschwader in Frankreich. Verlag Bertelsmann, Gütersloh, 1942

## 参考諸誌
Magazine and Periodicals (Various Issues)

Adler, Der
Aeroplane, The
Berliner Illustrierte Zeitung
Flight
Flug-Revue International
Flugzeug
Flugzeug Archiv
Jägerblatt
Jet & Prop
Jet & Prop Archiv
Signal

◎著者紹介 | ジョン・ウィール　John Weal

英国の航空誌『Air Enthusiast』のスタッフ画家として数多くのイラストを発表。ドイツ機に強い関心をもち、本シリーズで精力的に執筆活動を続けている。また、このほかにも同じくオスプレイ社の『Combat Aircraft』シリーズでJu87シュトゥーカの戦歴に関する著作などをものしている。

◎日本語版監修者紹介 | 渡辺洋二（わたなべようじ）

1950年愛知県名古屋市生まれ。立教大学文学部卒業。雑誌編集者を経て、現在は航空史の研究・調査と執筆に携わる。主な著書に『局地戦闘機雷電』『首都防衛302空』（上・下）（以上、朝日ソノラマ刊）、『航空ファン イラストレイテッド 写真史302空』（文林堂刊）、『重い飛行機雲』『異端の空』『死闘の本土上空』『本土防空戦』改題）『闘う零戦 隊員たちの写真集』（文藝春秋刊）、『陸軍実験戦闘機隊』『零戦戦史「進撃篇」』（グリーンアロー出版社刊）、『ジェット戦闘機Me262 ドイツ空軍最後の輝き』（光人社刊）など多数。訳書に『ドイツ夜間防空戦』（朝日ソノラマ刊）などがある。

◎訳者紹介 | 小室克介（こむろかつすけ）

1936年北海道札幌市生まれ。千葉大学工学部工学意匠学科卒業。（株）本田技術研究所入社。ホンダ四輪・二輪開発デザインに従事。1996年退社。『日本航空機総集』（野沢正編著・全8巻 出版協同社）編集委員。『世界の傑作機』シリーズ「メッサーシュミットBf110」「ユンカースJu87」「紫電改」ほか（文林堂）で技術解説、図版などを担当。『J&P』誌（エアワールド）に「ドイツ機拾遺集」を執筆。日本航空ジャーナリスト協会理事。

---

オスプレイ・ミリタリー・シリーズ
世界の戦闘機エース 14

### 第二次大戦の
### メッサーシュミットBf110エース

| | |
|---|---|
| 発行日 | 2001年10月10日　初版第1刷 |
| 著者 | ジョン・ウィール |
| 訳者 | 小室克介 |
| 発行者 | 小川光二 |
| 発行所 | 株式会社大日本絵画<br>〒101-0054 東京都千代田区神田錦町1丁目7番地<br>電話：03-3294-7861<br>http://www.kaiga.co.jp |
| 編集 | 株式会社アートボックス |
| 装幀・デザイン | 関口八重子 |
| 印刷/製本 | 大日本印刷株式会社 |

©1999 Osprey Publishing Limited
Printed in Japan
ISBN4-499-22761-5　C0076

Bf110 Messerschmitt Zerstörer Aces
of World War 2
John Weal
First published in Great Britain in 1999,
by Osprey Publishing Ltd, Elms Court,
Chapel Way, Botley, Oxford, OX2 9LP.
All rights reserved.
Japanese language translation
©2001 Dainippon Kaiga Co., Ltd.

ACKNOWLEDGEMENT
The author wishes to acknowledge the provision of photograghs from Dr Alfred Price and Aerospace Publishing for use in this volume.